Pocket Reference

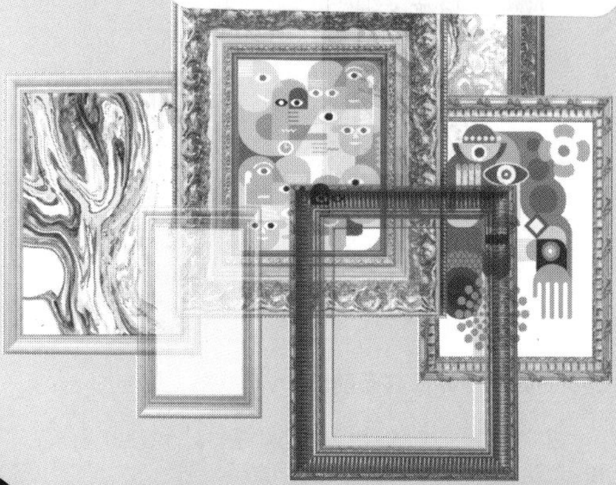

［改訂新版］

jQuery

ポケットリファレンス

jQuery 3対応

鶴田展之──著

技術評論社

●本書をお読みになる前に

本書に記載された内容は、情報の提供だけを目的としています。したがって、本書を用いた運用は、必ずお客様自身の責任と判断によって行ってください。これらの情報の運用の結果について、技術評論社および著者はいかなる責任も負いません。

本書記載の情報は、2019 年 11 月現在のものを掲載していますので、ご利用時には、変更されている場合もあります。

本書のソフトウェアに関する記述は、特に断りのないかぎり、2019 年 11 月現在での最新バージョンをもとにしています。ソフトウェアはバージョンアップされる場合があり、本書での説明とは機能内容や画面図などが異なってしまうこともあり得ます。本書ご購入の前に、必ずバージョン番号をご確認ください。

以上の注意事項をご承諾いただいた上で、本書をご利用願います。これらの注意事項をお読みいただかずに、お問い合わせいただいても、技術評論社および著者は対処しかねます。あらかじめ、ご承知おきください。

●動作環境

本書のサンプルスクリプトは jQuery のバージョン 3.4.1 を使用しております。次の環境で動作を確認しておりますが、一部のサンプルでは jQuery および各ブラウザの仕様により、スクリプトの動作が不完全になる場合があります。あらかじめご了承ください。

OS	macOS v10.14 Mojave	Windows 10 Home
ブラウザ	Safari 13.0.3 Google Chrome 78.0.3904.108	Google Chrome 78.0.3904.108

まえがき

早いもので、本書の第1版が出版されてから10年近い月日が経過しました。プログラミングの世界は進歩が速く、Webアプリケーションの開発を取り巻く環境も、この10年の間に大きく変化しています。ブラウジングに使われるデバイスはPCよりスマートフォンやタブレットの占める割合のほうが多くなっていますし、アプリケーション開発全体の中でもフロントサイドの比重は年々高くなっている印象があります。

JavaScript周辺も、ずいぶんと変わりました。ES5が登場し、ブラウザごとの差異もほぼ解消されましたし、React.js、Vue.js等の新しいJavaScriptフレームワークが登場したことで、高度なアプリケーション開発もどんどん効率的になってきています。

JavaScriptライブラリとしては古株のjQueryも、目立った機能追加や変更は多くないものの着実に進化を続けています。本書の第1版ではバージョン1.4をベースに解説していましたが、今回、現時点での最新版であるバージョン3系ですべて書き直しました。一見、メジャーバージョン2つ分一気にジャンプアップしたようにも見えますが、これはjQueryがIE8以前をサポートするバージョン1系とモダンブラウザだけをサポートするバージョン2系に分岐していたことによるものです。バージョン2を飛ばしたわけではなく、バージョン1とバージョン2を整理統合した形でバージョン3になった、と理解していただくとよいと思います。

なお、第1版で簡単に紹介していたjQueryプラグインの章については、既存のプラグインに古いままメンテナンスされていないものが多いことや、現場でもさほど利用頻度が高くないことから、今回は潔くカットしました。代わりに、より実践的なトピックとして、SVG.jsと組み合わせてベクターグラフィックでグラフを描画する例を取り上げています。

フロントエンド開発の最初のステップとしてこれからjQueryを学ぶ方、すでにjQueryをお使いでリファレンスとして手元に置きたい方にとって、本書が一助となれば幸いです。

2019年11月　鶴田 展之

本書の使い方

▶書式

各項目を実現するために必要となるメソッドやプロパティの書式です。

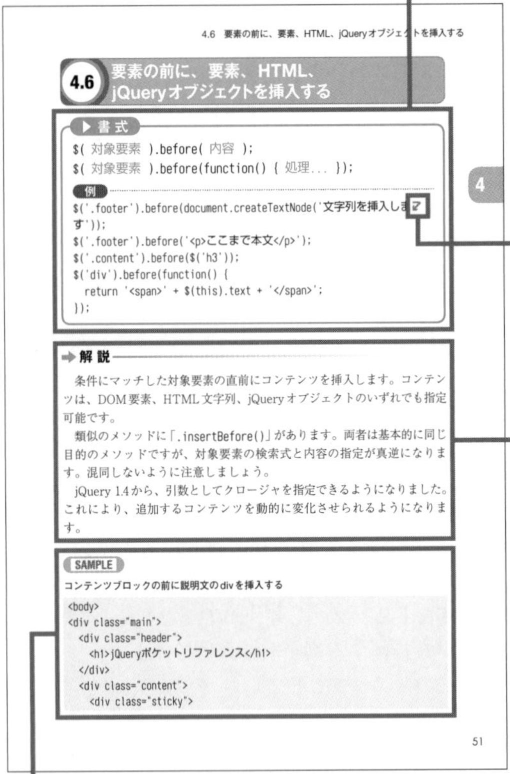

4.6 要素の前に、要素、HTML、jQueryオブジェクトを挿入する

▶書式

```
$( 対象要素 ).before( 内容 );
$( 対象要素 ).before(function() { 処理... });
```

例

```
$('.footer').before(document.createTextNode('文字列を挿入しま↩
す'));
$('.footer').before('<p>ここまで本文</p>');
$('.content').before($('h3'));
$('div').before(function() {
  return '<span>' + $(this).text + '</span>';
});
```

➡解説

条件にマッチした対象要素の直前にコンテンツを挿入します。コンテンツは、DOM要素、HTML文字列、jQueryオブジェクトのいずれでも指定可能です。

類似のメソッドに「.insertBefore()」があります。両者は基本的に同じ目的のメソッドですが、対象要素の検索式と内容の指定が真逆になります。混同しないように注意しましょう。

jQuery 1.4から、引数としてクロージャを指定できるようになりました。これにより、追加するコンテンツを動的に変化させられるようになります。

SAMPLE

コンテンツブロックの前に説明文のdivを挿入する

```
<body>
<div class="main">
  <div class="header">
    <h1>jQueryポケットリファレンス</h1>
  </div>
  <div class="content">
    <div class="sticky">
```


↩ 折り返しマーク

この行は実際には1行です。

▶解説

各項目を実現するための方法や、そのために必要となるメソッド、プロパティなどの解説をしています。

SAMPLE

サンプルコードを読み、実行することで理解を深めることができます。

注：実行画面で使用している画像やCSSはテスト用に用意したものです。
　　サンプルコードを試してみる場合はご自身でご用意ください。

Contents 目次

1

WebとjQueryの基本

1.1 Webページを構成する要素

jQueryの使い方を学ぶ前に、前提となるWebの仕組みをおさらいしておきましょう。

一般的なWebページは、主に文書の構造を記述する「HTML」、レイアウトやデザインを記述する「CSS」、ページの動作を記述する「スクリプト」の3つの要素で構成されています。まずは基本として、それぞれの役割や背景を知っておきましょう。

1.1.1 HTML

Webページのように相互にリンクが可能な文書システムを「ハイパーテキスト（Hyper Text）」と言います。ハイパーテキストの「構造」を記述するために作られた専用の言語が、「HTML（Hyper Text Markup Language）」です。Webページを記述するための言語と言うと、一般的にはこの「HTML」が主役となります。現在の主流はHTML5（最新バージョンはHTML 5.2）で、これはWHATWG（Web Hypertext Application Technology Working Group）が提唱したものをベースに、標準化団体「W3C（World Wide Web Consortium）」が勧告したものです。WHATWGはApple、Mozilla、Opera、Microsoftなど、Webに関わる人たちによって運営されているコミュニティですが、もともとW3Cの鈍さに対する不満もあって、独自にHTMLを改良していこうとする動きが進んでいきました。HTML5でも、W3Cの仕様とWHATWGの仕様に微妙な違いがあることで、Web開発者の間でも混乱が生じていました。しかし、つい最近、W3CとWHATWGとの交渉が合意に至り、今後はWHATWGの策定する「HTML Living Standard」がHTMLとDOMを規定する正式な標準となることが発表されています。

一方、W3CがHTMLをXMLの文法で厳密に再定義しようとした「XHTML」は、W3CがHTML5への一本化のためにXHTML 2.0の策定を断念したこともあり、現在新たに作成されるWebページで利用されることはほとんどありません。とはいえ、XHTMLが完全に捨て去られたわけではなく、「XMLとしてパースできるHTML5」、つまりHTML5の一部としての「XHTML5」が策定されています。

今後もHTMLの仕様は変化していきますので、Web開発者の皆さんは日々アンテナを張って、周辺の動向に注目しておくようにしましょう。

1.1.2 CSS

Webページの「見栄え」を担うのが「CSS (Cascading Style Sheets)」です。「文字の大きさ」や「色」、全体の「レイアウト」といった装飾的な要素に関しては、基本的にすべてCSSで記述します。HTML5で従来のHTMLから<big>, <strike>, <blink>といった見栄えに関する要素が削除されたのも、文書の構造と見栄えをHTMLとCSSで明確に役割分担させようという意図の表れと言えるでしょう。

CSSは、1996年にバージョン1、1998年にバージョン2、しばらく空いて2011年にようやくバージョン2.1が勧告されました。その後、CSS 3からは、CSS 2.1をベースに、機能追加や改善を「モジュール」と呼ばれる単位で行うことになりました。「文字」に関すること、「罫線」に関すること、「表組み」「ページング」「印刷」などなど、2.1までは一括りにされていた定義が、CSS 3では各モジュールに細かく分けて管理されます。これにより、例えばPC用のWebブラウザと家電用のWebブラウザで、使える機能・使えない機能を明確に区別できるようになっています。また、CSS 3準拠を謳う以上、実装すると決めたモジュールに関してはすべての機能を実装するように求められますので、個別のスタイル定義に関して、コンテンツ制作者がいちいち各Webブラウザの対応状況を調べるといった面倒もなくなってきました。

CSS 3には未だにモジュールとしてリリースされていないものもありますが、一方でCSS 4の各モジュールの草案作りも進められています。当面はCSS 2.1、CSS 3を基本としつつ、CSS 4の動向についても注視していきたいところです。

1.1.3 スクリプト

静的なWebコンテンツであればHTMLとCSSだけで記述できますが、近年は、ほとんどのWebページになんらかの「動き」が求められるようになってきました。マウスを乗せると色が変わるボタンや行の並べ替えが可能な表組みなど、ユーザの使い勝手を向上するには、ユーザの操作に対して柔軟に応答する動的な仕組みが必要になります。見た目の変化だけであればCSSだけ実現できることも多いのですが、サーバと非同期で通信しながら画面を書き換える、いわゆる「Ajax」などの手法では、Webブラウザ上で動作する「スクリプト」が不可欠になります。

実行可能なスクリプト言語の種類はWebブラウザによって異なりますが、現在ほぼすべてのWebブラウザが対応しているのが「ECMAScript」

です。「ECMAScript」というと馴染みが薄いかもしれませんが、これは「標準化されたJavaScriptの中核」の名称になります。もともとネットスケープが開発し、Mozillaに引き継がれてきたJavaScriptですが、標準化団体「Ecma International」のもとで仕様が定義され、その仕様に基づいた実装が行われることで、ブラウザやデバイスの機種ごとに動作に差異が生じることを避けられるのです。

ECMAScriptは2015年にバージョン6（ES6）が発行され、このバージョンから毎年新バージョンを発行とするということで、ES2016、ES2017のように年度付きの名称で呼ばれます（ES6は2015年なので、ES2015が正式名称になります）。なお、ES5からES2015のバージョンアップで便利な機能や構文が多く追加され、従来より大幅にシンプルで読みやすいスクリプトを記述できるようになりました。各主要ブラウザの対応も整ってきたため、現在JavaScriptの主流はES2015に移りつつあります。ES2016、ES2017、ES2018では細かい機能強化が行われていますが、基本的にES2015からの小変更なので、ES5以前の知識でJavaScriptを書いている場合はまずES2015での変更点を理解しておくとよいでしょう。

なお、本書では、ECMAScriptをWebブラウザ上で実行する範囲で解説しますので、より通りのよい名称である「JavaScript」を使うことにします。

1.1.4 DOM

JavaScriptを使って動きのあるページを作るとき、必ず知っておかなければならないのが「DOM（Document Object Model）」という仕組みです。DOMは、その名のとおり「ドキュメント（文書）」を「オブジェクト」として扱うための「モデル」で、HTMLで記述された文書構造を階層的に解釈したもの、と言えます。

例えば、HTML中に次のようなリスト構造があるとします。

```
<ul>
  <li>りんご</li>
  <li>柑橘</li>
    <ul>
      <li>みかん</li>
      <li>レモン</li>
      <li>グレープフルーツ</li>
    </ul>
  <li>いちご</li>
<ul>
```

このHTMLをWebブラウザで開き、インスペクタで構造を確認すると、次のようなツリー構造になっていることがわかります。

▼**図1.1 DOMのツリー構造**

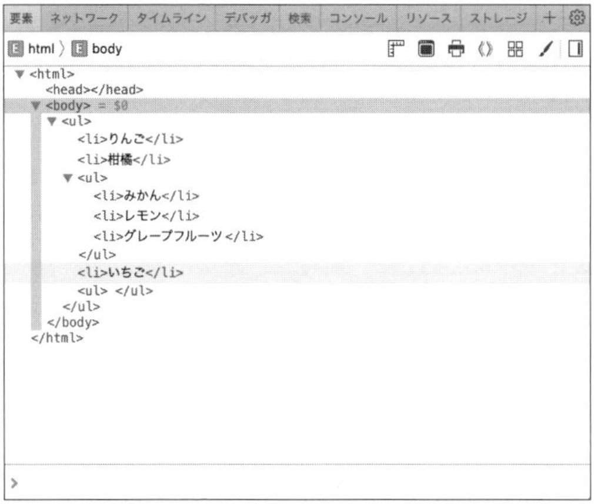

このように文書内の各要素を階層（ツリー）構造で捉えたものは「DOMツリー」と呼ばれます。そしてJavaScriptは、このDOMツリーに対してさまざまな操作を行えます。つまり、DOMはHTMLという「文書」と、JavaScriptの「プログラム」とを橋渡しする役目がある、と理解するとよいでしょう。

もちろん、本書で解説するjQueryでも、DOMの考え方を理解していないと操作したい要素をスムーズに指定したり選択したりできません。HTMLを記述する段階から、後々JavaScriptで操作しやすい構造をイメージすることが大切です。ここでは、DOMの基本的な用語について簡単に説明しておきましょう。

DOMでは、文書自体や文書内の各要素を「ノード」と呼びます。ノードが階層的に集まってDOMツリーを構成し、あるノードの上位のノードは「親ノード」、下位のノードは「子ノード」、同じ階層のノードは「兄弟ノード」と呼ばれます。

ノードには「エレメント」、「テキストノード」、「アトリビュート」などいくつかの種類があります。

▼図1.2　DOMツリーとノード

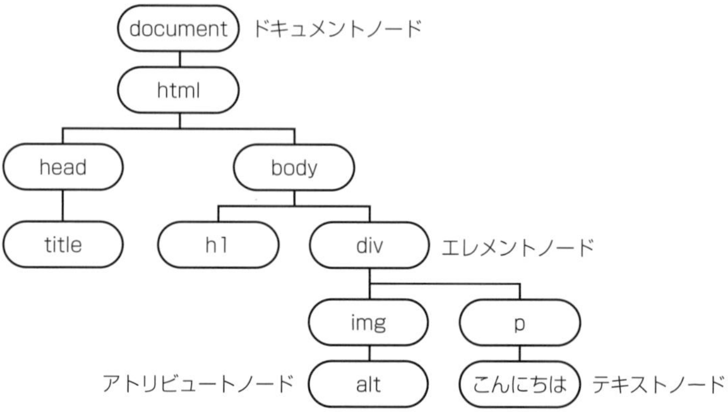

- エレメント … HTMLの「タグ」に相当するひとつの要素
- テキストノード … ブラウザ上に表示されるタグ以外の文字列データ
- アトリビュート … エレメントの「属性」

例えばJavaScriptでテキストノードを操作すれば、ブラウザ上に表示されている文字を取得したり書き換えたりできます。アトリビュートを操作すれば、要素に新しい属性を追加したり、値を設定したりすることもできます。

もちろん、JavaScriptの文法を利用するだけでもDOMの操作は可能ですが、どうしても記述が長くなったり、プログラムに精通していない人からすると読みにくくなったりしがちです。本書で解説するjQueryを使うことで、プログラミング知識の浅い人でも、DOMの操作をわかりやすく簡単に記述できます。この続きは、3章以降で詳しく説明していくことにしましょう。

1.2 Webの仕組みとAjax

Google MapsやGoogleドキュメント等、高度なWebアプリケーションでは「Ajax」と呼ばれる仕組みが使われています。ページ自体をリロードすることなく、WebブラウザとWebサーバの間で「非同期」に通信を行うことでページを書き換えるAjaxは、エンドユーザがストレスなく使えるUIのアプリケーションを構築する上で、いまやなくてはならない技術と言えるでしょう。jQueryが広く使われるようになったのも、このAjaxを簡単に素早く実装できる点が広く受け入れられたからです。

本書ではAjaxについても詳しく説明しますが、非同期通信の動作を理解するには、従来のWebの仕組み、動作についてもきちんと理解しておく必要があります。ここではまず、Webの基本的な仕組みからAjaxまで、WebサーバとWebブラウザの間でどのようなやりとりが行われているのかおさらいしておきましょう。

1.2.1 Webの通信

「Webアプリケーション」は、名前のとおり「Web」の技術を活用して構築されたアプリケーションです。そこで、Webアプリケーション開発を行うには、まず「Web」とは何ぞや、から知っておくべきでしょう。

Webの考案者は、Tim Berners-Lee博士。博士は、欧州合同素粒子原子核研究機構（CERN）に在籍していた1990年代初頭に、「World Wide Web」の概念とハイパーテキストを記述するための「HTML」、通信プロトコル「HTTP（HyperText Transfer Protocol）」を考案し、さらに、世界で最初のWebサーバ「CERN HTTPd」、世界で最初のWebブラウザ・HTMLエディタ「WorldWideWeb（Nexus）」を開発しました。それから30年が経過した現在、もちろんWebの技術も大きく進歩し、標準化も進んでいるわけですが、基本的な仕組みは、ほとんどTim Berners-Lee博士が生み出したものです。

もともとは研究者間の情報共有を目指して考案されたWebが世界中で受け入れられ、ここまで広く普及したのは、それがきわめてシンプルな仕組みだったことも大きな要因と言えます。HTMLは単純なタグの記述だけで文書の構造を定義できますし、HTTPというプロトコルも、通信の仕組みとしてはとても簡潔なものです。

▼図1.3 Webの通信

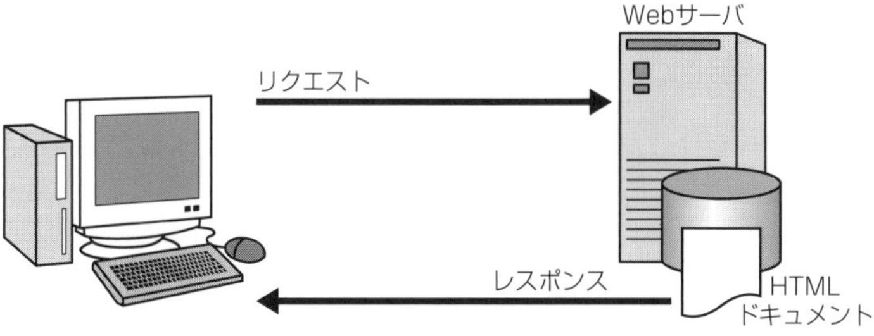

例えば、「URLを入力する」「ブックマークからページを開く」「ページ上のリンクをクリック」「フォームの送信ボタンを押す」など、Webブラウザ上の操作はいろいろありますが、いずれの場合でも、Webブラウザはほぼ一様に「Webサーバに要求を送信」しています（リクエスト）。そして、静的なWebサイトに限って言えば、Webサーバは「応答」として「HTMLで書かれたドキュメント」を送り返すだけなのです（レスポンス）。

1.2.2 動的なWeb

このようなWebの仕組みは、単に文書を共有する目的であれば十分なものです。しかし、インターネットの利用が一般に浸透するに従って、「Webを企業の情報システムに応用したい」とか、「HTML文書の更新を自動化したい」といった声が上がるようになりました。こういったニーズに応えようと生まれたのが、「動的なWeb」という考え方です。

「掲示板」を例に考えてみましょう。静的なWebでは、誰かが掲示板に情報を書き込みたい場合、掲示板の管理者にメール等で書き込む内容を伝え、管理者が手作業でHTMLを更新しなければなりません。これでは更新が滞ったり内容を間違えたりする可能性がありますし、なにより面倒です。

▼図1.4 静的なWeb

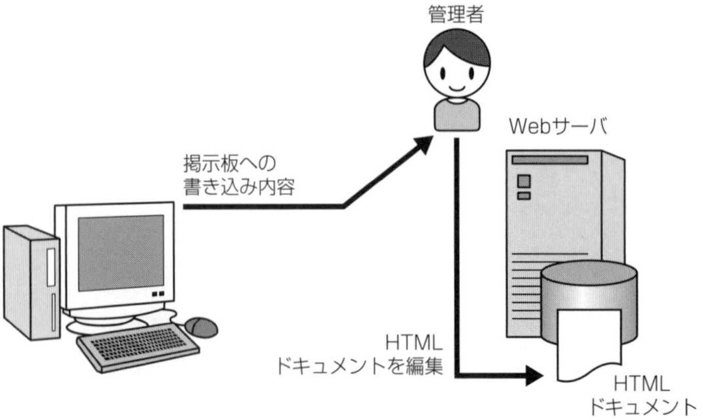

面倒な仕事は、コンピュータに任せてしまうのが一番です。与えられた情報に従ってHTML文書を書いてくれるプログラムを作り、Webサーバと連携して動くようにすれば、人手を介すことなくWebページを自在に

更新できるようになります。そしてこれが、いわゆる「Webアプリケーション」の基本となる発想です。

▼図1.5 初期の動的なWeb

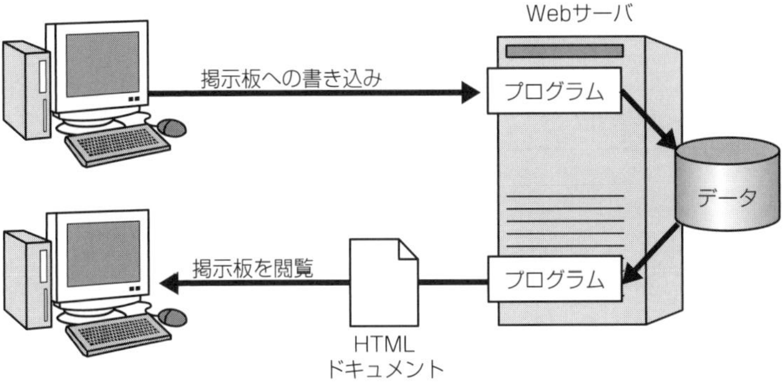

初期のWebアプリケーションの動作スタイルは、メインフレームのような一極集中型のシステムと非常によく似ています。実際に何か処理を行うのはほとんどWebサーバ側で、クライアントとなるWebブラウザの仕事は、データの入力とサーバから返されたHTML文書を表示することだけでした。

1.2.3 Ajax

Webの、「リクエストに対してHTMLドキュメントを返す」というシンプルな仕組みをそのまま応用したため、Webアプリケーションはメインフレームと同様の欠点を抱えることになります。すなわち、サーバ側に集中的に負荷がかかること、操作ごとに画面に表示されているページ全体が再読込（リロード）され効率が悪いこと、などです。しかし、それもWebブラウザに「XMLHttpRequest」の技術が組み込まれたことで、解決が可能になりました。特に、このXMLHttpRequestとJavaScriptを活用した技術に、Jesse James Garrett氏が「Ajax（Asynchronous JavaScript + XML）」というキャッチーな名前を付けたことで、Webアプリケーションの高機能・高性能化、使い勝手の向上が一気に進むことになります。

XMLHttpRequestは、JavaScript等Webブラウザ上で動作する言語から、WebサーバとHTTPによる通信を行う機能です。従来はWebブラウザ本体だけが行っていたWebサーバとの通信を、Webページ上のコンテンツ内部からも行えるようにする技術、と考えるとわかりやすいでしょう。なお、XMLHttpRequestの標準仕様もW3Cで議論されていましたが、現在はHTMLと同様にWHATWGが中心となって仕様を策定する方向に向かっています。

▼図1.6　XMLHttpRequest

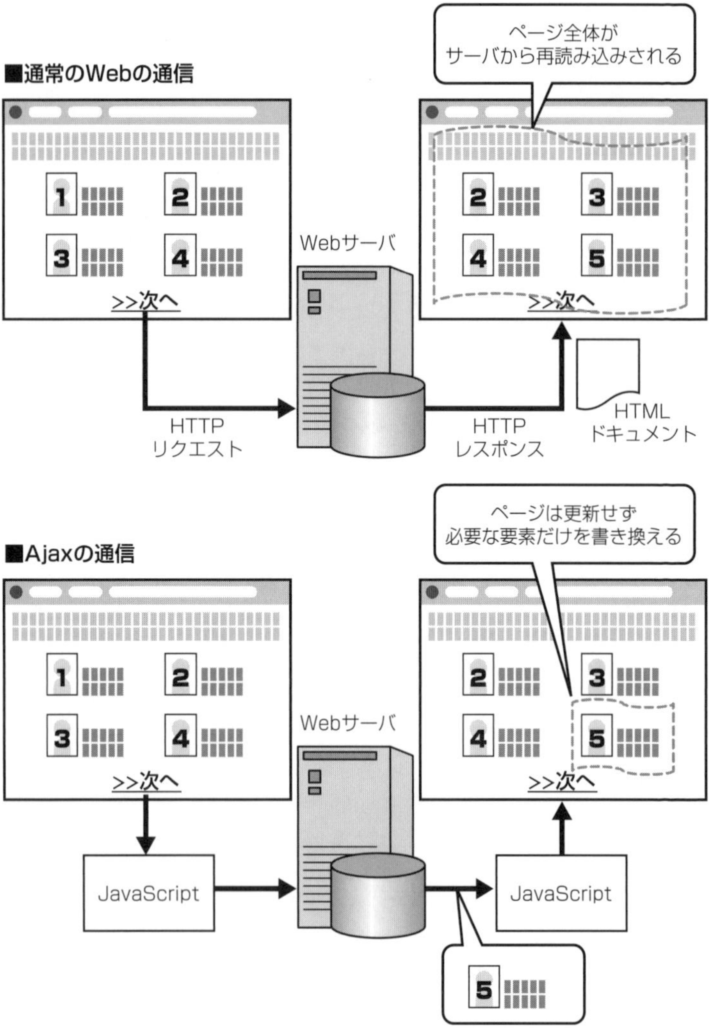

Ajaxでは、XMLHttpRequestでWebサーバとデータをやりとりし、受け取ったデータを元に、表示中のWebページのHTMLをJavaScriptによってコントロールします。必要に応じて、ページ中の書き換える必要のある部分だけを更新できるので、毎回ページ全体を再読み込みしなくてもよくなります。サーバとクライアント間の無駄な通信も省けますし、アプリケーションの応答性が高まるので使い勝手も改善されます。サーバ側に集中していた処理を、クライアントが肩代わりすることで、サーバの負担も減らせます。さらに、昔の「クライアント・サーバ型コンピューティング」のように、バージョンアップのたびに何十台ものPCのクライアントプログラムをインストールし直すといった、面倒な作業も発生しません。

ただし、理想的な技術に見えるAjaxにも問題がないわけではありません。従来の単純なWebアプリケーションに比べて、Ajaxアプリケーションは開発期間やテストの期間が膨らみやすいという問題や、JavaScriptの習得にコストがかかるといった問題もあります。

そこで、これらの問題を解決し、高度なAjaxアプリケーションを少ない労力で開発するための枠組みが必要になります。これが、Ajaxのためのアプリケーション・ライブラリであり、本書で取り上げる「jQuery」もそのひとつなのです。

1.3 Ajaxアプリケーション・ライブラリ ― jQuery

高度なWebアプリケーション開発を支援するのが、jQueryをはじめとするAjaxアプリケーション・ライブラリの役目です。そのためには、具体的に次のような機能が求められるでしょう。

- ブラウザごとの差異の吸収
- DOMによるHTML、XMLの操作
- CSSの操作
- XMLHttpRequest通信オブジェクトの提供
- ユーザ操作に応じて処理をキックする「イベント」機能
- リッチなユーザインターフェースを提供するエフェクト、アニメーション

本書で解説する「jQuery」も、これらの主要な機能を網羅した、非常に高機能なAjaxアプリケーション・ライブラリと言えます。

1.3.1 いろいろなJavaScriptフレームワーク

長い間、「JavaScriptのライブラリと言えばjQuery」といっても過言ではないほどjQueryは普及してきましたが、現在はさまざまな新しいフレームワークが登場し、jQueryはむしろ「古い技術」と目されるような状況になりつつあります。

例えば、React.jsやVue.jsといったフレームワークがあります。どちらも近年急速に成長してきた最新のフレームワークで、Webアプリケーションの開発者なら積極的に習得しておきたい技術と言えます。ここでは、これらの新しいフレームワークに対してjQueryはどうなのか、どこが優れていてどこが劣っているのか、どういう使い分けをしたらいいのかについて考えてみましょう。

1.3.2 jQueryとは

jQueryは、John Resig氏が2006年1月に発表した、オープンソースのJavaScriptライブラリです。その後、最初の正式な安定版「jQuery 1.0」が同年8月にリリースされ、以来、着実にバージョンアップが行われてきました。本書執筆時点の最新バージョンはjQuery 3.4.1で、MITライセンスの下で配布されています（jQuery 1.7.2まではGPLとMITのデュアルライセンスの下で配布されていましたが、1.8以降はMITライセンスだけになりました）。

MITライセンスは非常に制限の緩いBSDスタイルのライセンスで、利用・改変・再配布を自由に行えます。MITライセンスに従う限りは、jQueryを利用したアプリケーションに対してもソースコードの公開が義務付けられるといったことはありませんので、商用アプリケーションでも安心して組み込めるでしょう。

jQueryの第一のテーマは、「Write Less, Do More」。つまり、「書くコードは少なく、できることは多く」を目指しています。一例を挙げてみましょう。jQueryを使わない従来のコードの場合、JavaScriptからあるDOMオブジェクトを参照するコードは次のようになります。

```
let foo = document.getElementById('foo');
```

jQueryでは、これを次のように記述できます。

```
let foo = $('foo').get(0);
```

アプリケーションの開発者が記述するコードの量が減れば、その分、バグが発生する可能性や、無駄な通信・無駄な処理を減らせ、結果的にアプリケーションの質の向上につながります。

また、jQuery自体、構造がとてもシンプルで軽量に作られているので、導入の敷居が低いという特徴があります。開発者にとっては習得が容易で拡張もしやすく、なおかつそこそこ高速に動作する点は、jQueryが人気を集める大きな要因になっています。

しかも、軽量だからといって機能が少ないということもありません。jQueryはAjaxアプリケーションを構築するために必要な機能を豊富に揃えており、整理された使いやすいAPIとして提供してくれます。

1.3.3 jQueryを使う理由

とはいえ、React.jsやVue.jsといった新しい優れたフレームワークも登場しており、「jQueryの役目は終わった」と言う人もいます。本書では詳しく解説しませんが、React.jsやVue.jsは「仮想DOM」という仕組みを使って、従来のDOM操作よりも高速にページを描画できるように作られています。また、仮想DOM上のデータと実際の表示は常につながっているので、データを書き換えれば表示も瞬時に変更されます。つまり、これらのフレームワークではWebブラウザの画面上への描画をフレームワーク任せにできるので、プログラムの保守性や可読性も向上できるというメリットがあります。

一方、jQueryのデメリットとしては、「簡単に書ける」という大きな特徴が裏目に出る可能性があるでしょう。プログラミングにそれほど精通していなくてもとりあえず動くものが作れるというのは大きな利点ですが、それを積み重ねていくと、いつの間にか誰にも読めない、直せないプログラムができあがってしまうかもしれません。jQueryを利用して書かれたアプリケーションも、長く使われていくうちに保守性が維持できないという問題が顕在化してきた、ということです。さらに、各WebブラウザもECMAScriptの標準に従ってスクリプトを解釈するようになってきたため、昔のようにブラウザごとに動きが異なることも少なくなりました。jQueryが担ってきた「ブラウザごとの差異の吸収」という役目は、かつてほど重大なものではなくなっています。

しかし、だからといってjQueryはもう捨てるべき技術である、と言うのは早計です。なんといっても、これまでjQueryを学習してきた開発者の数は、新しいフレームワークを習得した開発者よりも圧倒的に多いのです。アプリケーション開発の現場において、開発者のアサインがしやすいというのは、その技術を採用する大きな理由になり得ます。また、すべてのアプリケーションがリプレースにあたって完全なスクラップ&ビルド、新規開発が可能なわけでもありません。工期やコストとの兼ね合いで、古いリソースを活用しつつ段階的に新しい仕組みを導入していく場合もあるでしょう。そういったケースでは、引き続きjQueryを利用していくというのも、妥当な判断として充分あり得るのです。

今後、新たにフルスクラッチで開発するアプリケーションや規模が大きなシステムで、React.jsやVue.jsのスキルを持った開発者が充分にアサインできるのであれば、もちろん新しい仕組みで構築したほうがメリットは大きいでしょう。逆に、期間限定で掲載されるランディングページや、一般に「ペライチ」と呼ばれるようなシンプルで簡易なWebページの制作の場合、無理をして新しい技術を採用するよりも、誰でも扱えるjQueryを使うほうが理に適っているケースもあります。React.jsやVue.jsは、jQueryの欠点を解消できる優れたフレームワークですが、それもいずれは新しい技術が生まれてレガシー化していくでしょう。現場でのメリット・デメリットを正しく判断するためにも、開発者はそれぞれの特徴を理解して現実的に判断し、上手に使い分けていくことが必要なのです。

1.3.4 jQuery 3について

まったく新たに設計されたフレームワークほどではないにしても、jQueryもバージョンアップのたびに機能の追加や整理、性能の向上などの改善が行われています。ここでは、jQuery 3がjQuery 1や2からどのように改善されているかを簡単に理解しておきましょう。

DeferredとPromises/A+標準

jQuery 3の特に大きな変更点として、「Deferred」モジュールが「Promises/A+」互換になったことが挙げられます。

Deferredは、jQuery 1.5で導入された非同期処理のための機能です。複数の処理を連続して非同期に実行する場合、それぞれの処理のコールバックが複雑に絡んでネストが深くなり、エラーハンドリングが難しくなったり、コードの可読性が著しく低下したりといった問題が起きやすくなります。jQueryのDeferredは、「処理Aが成功したら処理Bを実行する、失敗したら処理Cを実行する」といった制御を、わかりやすく、読みやすく記述できるようにしてくれます。

また、Promises/A+はコミュニティによって定義された非同期、並列処理の標準仕様です。jQuery 3では、DeferredがこのPromises/A+標準、およびPromises/A+に準拠したES2015のPromiseと互換性を持つように変更されています。Deferred、Promiseの具体的な使い方については13章で解説しますが、標準仕様に準拠したことでプログラムの読みやすさ、書きやすさが向上しています。

jQuery 1 / jQuery 2からの移行

バージョン3以前のjQueryは、Internet Explorer 8以前もサポートするバージョン1、Internet Explorer 9以降に限定して高速化したjQuery 2の2つのバージョンが並行して利用されている状況でした。jQuery 3ではjQuery 1とjQuery 2が一本化されたので、jQueryを利用しているアプリケーションは、それがjQuery 1、jQuery 2いずれでもjQuery 3への移行が推奨されます。

移行にあたっては、「jQuery Migrate」と呼ばれる移行用のプラグインが利用できます。まず、現在使用中のバージョンを確認しましょう。jQuery 1系はバージョン1.12以上、jQuery 2系の場合はバージョン2.2以上であれば、最新のjQuery Migrate 3.1が利用できます。それより古いjQueryからの移行は、jQuery Migrate 1.4を利用してjQuery 1.9に対応させてから、jQuery Migrate 3.1を利用する、という流れになります。ここでは、jQuery Migrate 3.1.0を使った手順を説明します。

まず、jQueryを使ったページで、次のようにjQuery 3とjQuery Migrate 3.1.0をロードします。

```
<script src="https://code.jquery.com/jquery-3.0.0.js"></script>
<script src="https://code.jquery.com/jquery-migrate-3.1.0.js"></script>
```

Webブラウザでこのページを開くと、Webブラウザのコンソールにjquery 3で問題のあるコードについて警告が表示されます。警告の内容を確認して、ひとつひとつコードを修正しましょう。

スリムビルド

jQuery 3では、利用目的に沿って軽量化された「スリムビルド」も利用可能になりました。スリムビルドはjQueryからAjaxやエフェクトの機能を除くことでjQuery自体を軽量化しています。Ajaxもエフェクトも使わないアプリケーションで、DOM操作のためだけにjQueryを使いたい場合などは、スリムビルドを利用することで多少ページを高速化できます。

主要ブラウザの対応状況

jQuery 3のブラウザ対応状況も確認しておきましょう。jQuery 3は次のブラウザをサポートしています。

【デスクトップブラウザ】

- Chrome … 最新とひとつ前のバージョン
- Edge
- Safari
- Opera … 最新バージョン
- Firefox … 最新とひとつ前のバージョン、ESR（Extended Support Release）版
- Internet Explorer 9以上

【モバイルブラウザ】

- Android 4.0以降の標準ブラウザ
- Safari / iOSのバージョン7以上

2

開発環境

2.1 環境を整える

jQueryを使ったアプリケーション開発を始めるために、開発環境を整えましょう。まず、JavaScriptアプリケーションの開発に必要な、最低限の準備をしましょう。

第一に不可欠なのは、当然「テキストエディタ」ですね。これがないとスクリプトが書けません。テキストエディタは、フリーウェアやシェアウェアでも非常に高機能なものがありますので、まずは定番で使いやすいもの、動作が安定しているものを選びましょう。基本的に、テキストエディタはテキストファイルが編集できさえすれば、なんでもかまいません。もちろん、Visual Studio CodeやXcode等の統合開発環境（IDE）に慣れている方は、IDEのエディタを利用すればOKです。できれば、Windowsのメモ帳（notepad.exe）や、Mac OS Xのテキストエディット（TextEdit.app）のようなOS付属の簡易なエディタは避けてください。文字エンコーディングの変換機能ぐらいはないと、Webアプリケーションの開発では不自由します。

次に、Webブラウザも必要です。Webブラウザは、なるべく数種類用意しておくことをおすすめします。サイトにもよりますが、現在、Webの閲覧に利用されるブラウザの半分かそれ以上がスマートフォン等のモバイルデバイスです。デスクトップ用のブラウザだけでなく、スマートフォンでの表示をエミュレートできる環境、できればiOSとAndroidの実機もあると安心です。

必要最低限のものは以上ですが、最近は開発を補助してくれる便利なツールも、フリーウェアやシェアウェアから商用のソフトウェアまで、いろいろあります。必要に応じて徐々に揃えていきましょう。

2.2 jQueryの入手

いよいよjQueryを入手しましょう。まず、Webブラウザでjqueryの公式サイトを開きます。

【jQuery公式】https://jquery.com/

トップページにというバナーがありますのでクリックしましょう。

▼図2.1　jquery.comのトップページ

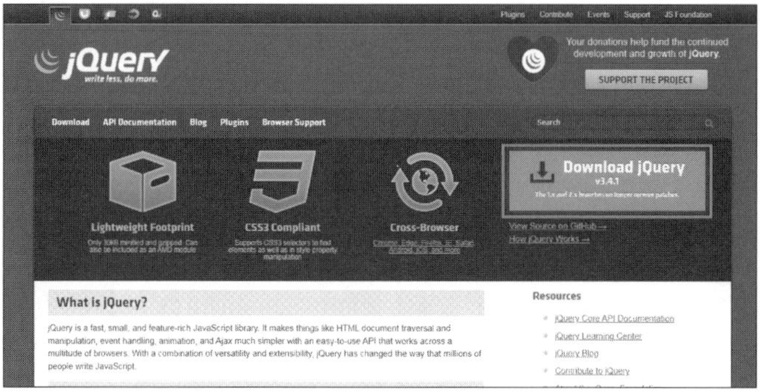

ダウンロードページが開きます。

▼図2.2　jquery.comのダウンロードページ

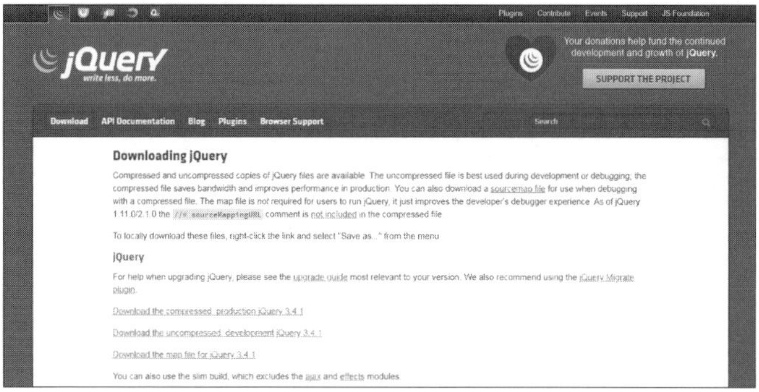

配布されているjQueryにはフルスペックのjQueryとスリムビルド版があります。本書ではフルスペック版を利用します。また、jQueryは、目的別に次の2種類の形態で配布されています。

- **PRODUCTION（compressed）**
  本番稼働に適した形態です。コードの空白や改行が除去されてサイズが小さくなっていますが、人間が読むのはかなり困難です。

→「Download the compressed, production jQuery 3.x.x」をクリックしてダウンロードします。

- **DEVELOPMENT（uncompressed）**
  jQueryのコード自体を読みたい人や、ローカルPC上での開発向けの形態です。コードが整形され読みやすくなっています。
  →「Download the uncompressed, development jQuery 3.x.x」をクリックしてダウンロードします。

PRODUCTIONは80数キロバイト、DEVELOPMENTは280数キロバイトと、ファイルサイズが大幅に異なります。実際に通信が行われる本番環境では、この差はそのままWebページの応答速度の違いになって現れますので、特に理由がない限り、本番環境ではPRODUCTION版を使用し、開発時・テスト時はDEVELOPMENT版を利用するとよいでしょう。

なお、もうひとつ「.map」拡張子が付いた「mapファイル」というものがあります。これは「ソースマップ」と呼ばれるもので、PRODUCTION版のjQueryのように小さくコンパイルされたファイルと元のソースファイルを紐づけておくためのものです。こちらは特に必要ありません。

本書では、特に説明のない限りはPRODUCTION版を利用することにします。

2.3 jQueryの導入

jQueryを使い始めるにあたって、特に「導入」の作業は必要ありません。アプリケーションのディレクトリツリーの適当な場所、例えばアプリケーションのルートディレクトリに「js」等の名前でディレクトリを作成し、そこにダウンロードしたjQuery本体をコピーするだけでOKです。

2.4 jQueryを利用するWebページ

jQueryを利用したスクリプトを組み込むページでは、HTMLの任意の場所に次の1行を挿入しましょう。以前はJavaScriptをヘッダセクションで読み込むことが多かったのですが、最近は少しでも表示を速くするためにHTMLの最後の方、</body>の直前ぐらいに記述するケースも増えています。ただし、ページのコンテンツによっては狙った動きにならないこともありますので、問題が起きるようならヘッダセクションに記述しておくとよいでしょう。

```
<script src="/PATH-TO/jquery-3.x.x.min.js"></script>
```

「PATH-TO」の部分は、jQuery本体へのURLパスを記述します。これはHTMLファイルからの相対パスでも、アプリケーションが稼働するWebサーバ上のルートからのパスでもかまいません。

また、「jquery-3.x.x.min.js」の部分も、ダウンロードしたjQueryのバージョンに合わせて適切に記述してください。本書では特に断りのない限り、執筆時点の最新バージョンである「jquery-3.4.1.min.js」を使用しています。

2.5 CDNを利用する

もっと手軽にjQueryを利用する方法もあります。CDN（Contents Delivery Network）上で提供されるjQueryを利用すれば、自分のアプリケーション内にjQueryのファイルを配置する必要もありません。

まず、jQuery CDNのページにアクセスしましょう。

【jQuery CDN】https://code.jquery.com/

▼図2.3 jQuery CDNのページ

表示される選択肢の中から、「jQuery 3.x」の「minified」をクリックします。

「Code Integration」のダイアログが表示されたら、右側の青い「copy to clipboard!」ボタンをクリックします。これでCDNからjQueryを読み込むための<script>タグがクリップボードにコピーされるので、HTMLの任意の場所にペーストします。

▼図2.4 「Code Integration」ダイアログ

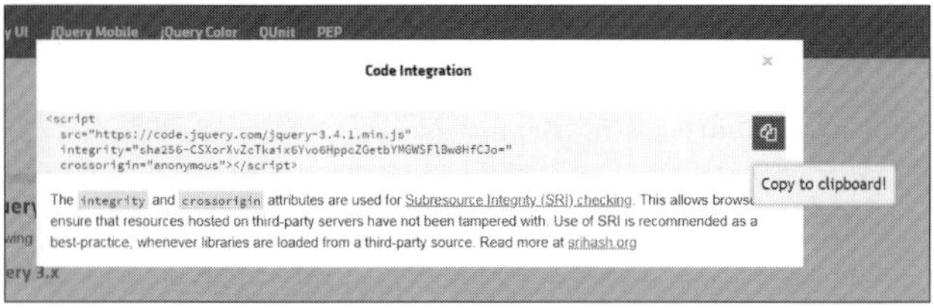

code.jquery.comの他にも、GoogleやMicrosoft等、jQueryをホストしてくれているCDNがありますので、読み込みの速度等を比べて最適なCDNを選ぶとよいでしょう。

これで、jQueryを使う準備はすべて完了です。次の章からは、いよいよjQueryの機能をひとつひとつ紹介していきます。

3

jQueryのコア・オブジェクト

3.1 「jQuery」オブジェクト

jQueryは、他のJavaScriptライブラリと比較しても、構造がシンプルなのが特徴です。まず大前提として、jQueryのすべての機能は、たった1つのオブジェクト「jQuery」から派生する形で定義されています。「オブジェクト」と言うとわかりにくいかもしれませんが、ここでは「データ」と「処理手段」をひとまとめにしたもの、と考えてください。HTMLのドキュメント構造である「DOM」要素や、CSSのスタイルといった「データ（プロパティ）」、およびそのデータに対してさまざまな操作を行う「処理手段（メソッド）」が、すべて「jQuery」オブジェクトとしてひとまとめにされている、ということです。

また、jQueryオブジェクトのほとんどのメソッドは、戻り値として「jQuery」オブジェクトを返します。つまり、jQueryの世界では、あるメソッドを呼び出し、返される値からまた別のメソッドを呼び出す「メソッドチェーン」と呼ばれる手法で処理を連続的に記述できるわけです。

▼図3.1 メソッドチェーン

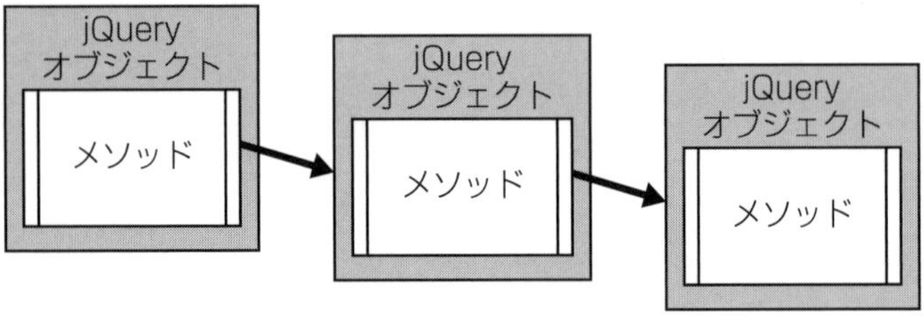

jQueryを使いこなすには、まず、核となる「jQuery」コア・オブジェクトの仕組みを理解しておく必要があります。

3.2 jQueryの別名「$」

jQueryの構造を理解しやすくするために、1つ具体例を挙げましょう。文字列の先頭と末尾にある不要な空白を除去したい場合、jQueryでは`trim()`メソッドを使って次のように記述します。

```
var str = '      前後に空白があります      ';
str = jQuery.trim(str);
```

「jQuery」オブジェクトの「trim」メソッドなので、「jQuery.trim」と書くわけですね。jQueryが提供するさまざまなメソッドやプロパティは、このように「jQuery.○○」という形で記述して指定できます。

しかし、毎回々々「jQuery.」と書くのも面倒ですし、スクリプトのサイズが無駄に大きくなるのも効率が良くありません。なにより、コードの読みやすさも損なわれてしまいます。そこで、jQueryでは「jQuery」コア・オブジェクトを表す別名として「$」が使えます。例えば、前述の例は次のように書いても意味は同じです。

```
str = $.trim(str);
```

3.3 jQueryメソッド

さて、jQueryでは、HTMLドキュメントやスタイルシートに対して何か操作をしたいときに、必ずjQueryオブジェクトを起点に処理を記述するということはわかりましたね？ では、そのjQueryオブジェクトは、最初にどこからやってくるのでしょう？ その疑問に答えるのが、「jQueryメソッド」です。

jQueryメソッドは、DOM要素（もしくはDOM要素の集合）を引数として受け取り、jQueryオブジェクトとして返す関数です。引数の渡し方によっていくつかのバリエーションがありますが、いずれも戻り値としてjQueryオブジェクトを返します。

では、具体的な使い方も含めて、jQueryメソッドのバリエーションを学んでいきましょう。

WordPressとjQuery　Column

WordPressを使ったブログサイト等でも、jQueryはよく利用されています。WordPressにはデフォルトでjQueryが組み込まれているので、WordPressテーマ内でも簡単にjQueryの機能を使えます。たいていはテーマ内でヘッダ部を担当する「header.php」でWordPressの「wp_head()」関数が呼び出され、そのタイミングでjQueryがロードされますので、それ以降の場所であればjQueryを使ったスクリプトを動かせます。

しかし、WordPressのjQueryでは、そのままだと「jQuery」の代わりに「$」を使うことができません。これは、WordPressのjQueryでは他のJavaScriptライブラリと衝突しないように「jQuery.noConflict()」メソッドが実行されるようになっているためです。

そこで、WordPressの環境下でjQueryのコードを書く場合は、スクリプトを次のように「jQuery(function($) {」〜「});」で囲んであげましょう。

```
jQuery(function ($) {
    :
  var str = '    前後に空白があります    ';
  str = $.trim(str);
    :
});
```

他にも、

```
jQuery(document).ready(function ($) {
    :
  var str = '    前後に空白があります    ';
  str = $.trim(str);
    :
});
```

といった書き方もできますので、書きやすく読みやすい方を選んでください。

3

3.4 セレクタを用いてDOM要素の集合を取得する

▶書式

```
jQuery(' セレクタ ', [' 検索対象 '])
$(' セレクタ ', [' 検索対象 '])
```

例

```
var elements = jQuery('#div1');
var elements = $('#div1');
```

解説

ドキュメントから検索条件にマッチする要素を取得して、jQueryオブジェクトとして返します。

第1引数は、セレクタを含む文字列を使って検索式を指定します。第2引数には、DOM要素やjQueryオブジェクトを指定することで、検索する範囲を限定できます。第2引数を省略した場合、検索対象は現在のHTMLドキュメント全体になります。セレクタについて、詳しくは4章を参照してください。

SAMPLE

(1) ドキュメント全体から、classが「aka」のdiv要素と、すべてのspan要素を抽出し、文字色を赤にする。

```
$(document).ready(function(){
  $('div.aka,span').css('color','red');
});
```

(2) ページ内の最初のフォームから、input type="text"の要素をすべて抽出する。

```
var texts = $('input:text', document.forms[0]);
```

3.5 HTML文字列からjQueryオブジェクトを生成する

▶ 書式

```
jQuery(' HTML文字列 ', [' ドキュメント '])
$(' HTML文字列 ', [' ドキュメント '])
```

例

```
var elements = jQuery('<span>this is a test.</span>');
var elements = $('<span>this is a test.</span>');
```

➡ 解説

HTML文字列から、即座にjQueryオブジェクトを生成します。第1引数は、HTML文字列を指定します。「$()」に文字列が渡されたとき、jQueryはその文字列がHTMLで書かれている（つまりタグで始まっている）かどうかを検証し、HTMLだと判断したときはそのHTMLから「$.parseHTML()」メソッドを通してDOMツリーを生成し、jQueryオブジェクトとして返します。HTMLではないと判断したときは、「セレクタが渡された」と解釈します。

SAMPLE

(1) 現在のドキュメントに<div>要素を追加する。

```
$('<div>追加します</div>').appendTo('body');
```

(2) イメージのalt, src, classを指定して生成し、現在のドキュメントに追加する。第2引数には$.attr()メソッドで指定できるプロパティをまとめてオブジェクトとして渡せる。

```
$('<img>', {
  "alt":"hogehoge",
  "src":"neko.jpg",
  "class":"photo"
}).appendTo('body');
```

(3) 画像にマウスカーソルが重なったらアラートを表示するようイベントのコールバックを指定する。さらに、追加する要素に対するイベントとコールバックもオブジェクトとして指定できる。

```
$('<img>', {
  "alt":"hogehoge",
  "src":"neko.jpg",
  "class":"photo",
  on: {
    mouseenter: function (event) {
      alert("meow");
    }
  }
}).appendTo('body');
```

■実行結果

3.6 DOM要素からjQueryオブジェクトを生成する

▶書式

```
jQuery( DOM要素 )
$( DOM要素 )
```

例

```
var myBody = jQuery(document.body);
var myForm = $(document.forms[0].elements);
```

➡解説

DOM要素からjQueryオブジェクトを生成します。引数として渡すのは、単一の要素でも複数の要素でもかまいません。

SAMPLE

body要素をjQueryオブジェクトとして取得し、cssメソッドで背景色を変化させる。

```
$(document.body).css('backgroundColor', '#dddddd');
```

3.7 $(document).ready()の短縮

▶書式

```
jQuery( コールバック関数 )
$( コールバック関数 )
```

例

```
$(function(){
    読み込み完了後に実行する処理を記述
});
```

➡解説

ブラウザへのHTMLのロードが完了して、jQueryからDOMツリーを利用できる状態になってから処理を実行するためには、次のようにスクリプトを記述します。

```
$(document).ready(){function(){
    :
});
```

jQuery()メソッドの引数としてコールバックを書くことで、これを短縮して記述できます。

```
$(function() {
    :
});
```

または、次のように書いても同じです。他のJavaScriptライブラリも併用していて「$」が安全に使えないときはこちらを使うとよいでしょう。

```
jQuery(function( $ ) {
    :
});
```

3.8 $(window).on('load')と$(document).ready()

「ページがブラウザにロードされたら処理を実行する」という場合、$(document).ready()の他に「$(window).on('load')」を利用することもあります。

```
$(window).on('load', function() {
    :
    ページがロードされたときに実行する処理
    :
});
```

どちらも同じように見えますが、じつはそれぞれに実行のタイミングが異なります。「$(document).ready()」は、HTMLが読み込まれてDOMツリーの準備ができ次第実行されますが、「$(window).on('load')」は画像などページ内の要素の読み込みが完了してから実行されます。

例えば、ページ内の画像の高さや幅を取得したい場合、「$(document).ready()」では画像が読み込まれる前に処理がスタートしてしまい、正しい値が取得できない場合があります。

```
<script>
$(document).ready(function() {
  var width = $("img").width();  ← 画像が読み込まれる前に実行されること
  console.log(width);               がある
});
</script>
```

そのような場合は$(window).on('load')を使うようにしましょう。

```
<script>
$(window).on('load', function() {
  var width = $("img").width();
  console.log(width);
});
</script>
```

なお、以前は同様の処理に「$(window).load()」が利用できましたが、「.load()」メソッドはjQuery 1.8で非推奨になり、3.0で廃止されています。「.on()」メソッドの引数に「load」イベントを指定するようにしましょう。

また、「$(document).ready()」も、jQuery 3.0で処理されるタイミングが変更されています。以前のバージョンのjQueryでは、「$(document).ready()」の処理が追加される時点とページが読み込まれてDOMツリーの準備ができる時点の前後によって動作が一貫していませんでした。しかし、jQuery 3.0でPromises/A+標準に従うよう変更されたため、$(document).ready()も常に非同期的に呼び出されるようになりました。Promises/A+と非同期処理、$.Deferred等については、13章で詳しく解説しますので、ここでは「これまで実行するたびにバラバラになる可能性があった処理順序が一貫性をもって実行されるようになった」と理解しておいてください。

3.9 readyイベントの保留

$(document).ready()イベントを保留しておくこともできます。例えばjQueryプラグインなど追加のスクリプトを読み込むまで.ready()の実行を待機させておきたければ、次のように.holdReady()メソッドを利用します。

```
$.holdReady(true);
```

待機を解除したいタイミングで次のように.holdReady()メソッドを呼び出します。

```
$.holdReady(false);
```

このように、.holdReadyメソッドの引数に「true」を渡せば待機、「false」を渡せば「待機解除」で.ready()が実行されます。

3.10 readyイベント時のエラー

jQuery 3.1以降では、.ready()時に発生したエラーに対して、.readyException()メソッドを使って独自にアクションを記述できるようになりました。例えば.ready()時のエラーをコンソールに出力したければ次のように記述します。

```
$.readyException = function(error) {
  console.log(error);
}
```

ためしに、.ready()のコールバックで定義していないオブジェクト、メソッドを呼び出してみます。

```
$(document).ready(function() {
  nullobject.nullmethod();  ← わざと存在しないオブジェクト、
});                            存在しないメソッドを呼び出す
```

こうしておけば、ブラウザのコンソールにエラーの内容が記録されます。

```
ReferenceError: nosuchobject is not defined
    at HTMLDocument.<anonymous> (sample3-5.html:18)
    at e (jquery-3.4.1.min.js:2)
    at t (jquery-3.4.1.min.js:2)
```

.readyException()を活用することで、デバッグ時の助けになってくれるでしょう。

3.11 他のJavaScriptライブラリとの共存

「jQuery」を「$」で短縮形として表現できるのは便利ですが、他のJavaScriptライブラリを同時に使うようなケースでは注意が必要です。「$」はさまざまなJavaScriptライブラリで特別な意味を持たされているので、jQueryの「$」と「衝突」してしまうことがあります。そのような場合は、jQueryでは短縮形を使用せず、きちんと「jQuery」と記述するか、本章のコラムで解説した方法で衝突を回避するようにしましょう。

他のライブラリの動作がおかしい場合などは、jQueryを使って記述するスクリプトの先頭で、

```
jQuery.noConflict();
```

を実行し、他のライブラリが定義した「$」の動作を、jQueryが邪魔しないようにします。

なお、jQuery.noConflict()メソッドでは、「$」以外の文字をjQueryの短縮形として割り当てることも可能です。

```
var j = jQuery.noConflict();
```

とすると、以後「$」の代わりに「j」がjQueryの短縮形を表すことになります。ただし、これはスクリプトの読みやすさも、メンテナンスのしやすさも、コードの再利用性も下げる結果につながりますので、なるべくなら避けた方がよいでしょう。

3.12 jQueryオブジェクトのプロパティ

3

- **jQuery.fx.off**
  アニメーションエフェクトの有効・無効を切り替えるためのプロパティです。

- **.length**
  jQueryオブジェクトの持つ要素数を保持します。.size()メソッドは、これと同じ値を返します。

- **.ready**
  ページが「ready()」状態になったかどうかを値として保持しているプロパティです。jQuery 3.0で追加された「.when()」「.then()」メソッドと一緒に使えば、Promiseな書き方に近づけて読みやすいコードを書けます。

```
$.when($.ready).then(function(){
    :
  readyになったら実行する処理
    :
});
```

なお、「.context」「.selector」など、かつて存在していた一部のプロパティがjQuery 3.0で廃止されています。旧バージョンのjQueryからの移行時には注意してください。

4

DOMの操作

4.1 要素内の最後に、要素、HTML、jQueryオブジェクトを挿入する

▶ 書式

```
$( 対象要素 ).append( 内容 );
$( 対象要素 ).append(function() { 処理... });
```

例

```
$('.header').append(document.createTextNode('文字列を挿入します'));
$('.header').append('<p>ここから本文</p>');
$('.header').append($('h3'));
$('div').append(function() {
  return '<span>' + $(this).text + '</span>';
});
```

➡解 説

.after()は要素の「後」にコンテンツを追加しますが、.appendは要素内の最後にコンテンツを追加します。例えば、

```
$('.header').after('<p>Hello</p>');
```

では、結果が、

```
<div class="header">ヘッダ</div>
<p>Hello</p>
```

となるのに対し、

```
$('.header').append('<p>Hello</p>');
```

では、

```
<div class="header">ヘッダ<p>Hello</p></div>
```

となります。

また、挿入する要素としてページ内に既存の要素を指定した場合、その要素は複製されるのではなく、指定した場所に移動されます。

類似のメソッドに「.appendTo()」があります。両者は基本的に同じ目的のメソッドですが、対象要素の検索式と内容の指定が真逆になります。混同しないように注意しましょう。

jQuery 1.4からは、引数としてクロージャを指定できるようになりました。これにより、要素に指定するクラス名を動的に変化させられるようになります。

Point

クロージャとは

クロージャ（Closure）は説明がとてもむずかしい概念なので、簡潔に説明しようとするとどうしても誤解を招く表現になってしまいますが、引数以外の変数を「その関数が定義された時点」のスコープで評価する関数であると定義できます。例えば、JavaScriptでは変数に関数をオブジェクトとして格納したり、関数の中で関数を宣言したりできます。その際に、変数の値を関数が定義された時点の値に固定されることで、関数外のプログラムから予期せず書き換えられてしまうことを防げます。jQueryでは、さまざまなメソッドのコールバック関数にクロージャを利用することで、面倒な処理を簡潔に記述できるよう工夫されています。

SAMPLE

(1) ヘッダブロック内の最後に区切り線を挿入する

```
<body>
<div class="main">
  <div class="header">
    <h1>jQueryポケットリファレンス</h1>
  </div>
  <div class="content">
    <div class="sticky">
      <p>コンテンツ</p>
    </div>
    <div class="sticky">
      <p>コンテンツ</p>
    </div>
```

```
    <div class="sticky">
      <p>コンテンツ</p>
    </div>
    <div class="sticky">
      <p>コンテンツ</p>
    </div>
</div>
</div>
<script>
$(document).ready(function(){
  $('.header').append('<hr>');
});
</script>
</body>
```

■実行結果

(2) 各div要素の内容に応じた説明を、要素内の最後に挿入する

```
<body>
<div class="main">
  <div class="header">
    <h1>jQueryポケットリファレンス</h1>
  </div>
  <div class="content">
    <div class="sticky">
      <p>冷蔵庫の賞味期限を確認する</p>
    </div>
    <div class="sticky">
      <p>ネコにごはんをあげる</p>
    </div>
    <div class="sticky">
      <p>コートをクリーニングに出す</p>
    </div>
    <div class="sticky">
      <p>おばあちゃんに電話する</p>
    </div>
</div>
```

```
</div>
<script>
$(document).ready(function(){
  $('div.sticky').append(function() {
    return '<span>これは「' + $(this).text() + '」の付箋です</span>';
  });
});
</script>
</body>
```


■実行結果

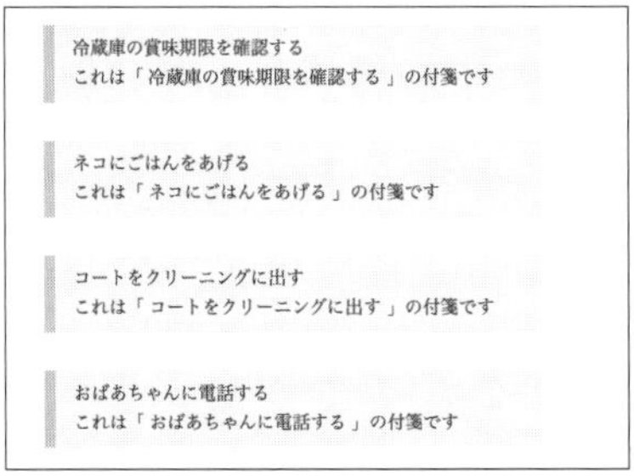

(3) h3要素をstickyクラスが指定された各divの最後に移動する

```
<body>
<div class="main">
  <div class="header">
    <h1>jQueryポケットリファレンス</h1>
  </div>
  <div class="content">
    <div class="sticky">
      <p>冷蔵庫の賞味期限を確認する</p>
    </div>
    <div class="sticky">
      <p>ネコにごはんをあげる</p>
    </div>
    <div class="sticky">
      <p>コートをクリーニングに出す</p>
    </div>
    <div class="sticky">
      <p>おばあちゃんに電話する</p>
    </div>
```

```
    <h3>処理済み</h3>
  </div>
</div>
<script>
$(document).ready(function(){
  $('.sticky').append($('h3'));
});
</script>
</body>
```

■実行結果

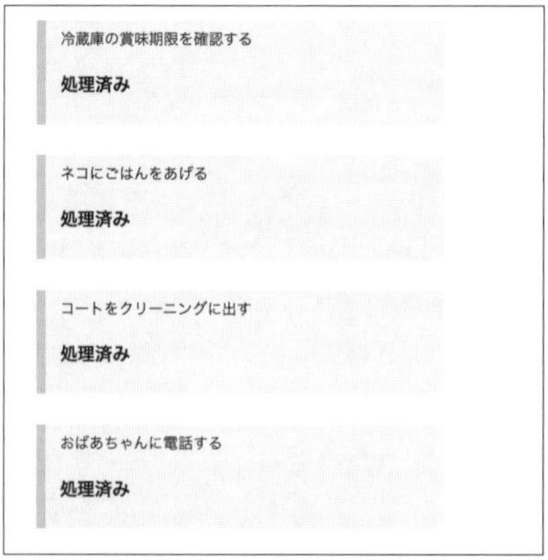

4.2 要素、HTML、jQueryオブジェクトを要素の末尾に挿入する

▶書式

```
$( 内容 ).appendTo( 対象要素 );
```

例

```
$('<p>ここから本文</p>').appendTo('.header');
$($('h3')).appendTo('.header');
```

解説

内容と対象要素の検索式が入れ替わることを除けば、動作は.append()メソッドと同様です。

挿入する要素としてページ内の既存の要素を指定した場合、その要素は複製されるのではなく、指定した場所に移動されます。

SAMPLE

コンテンツブロック内の最後に付箋のdivを1つ挿入する

```
<body>
<div class="main">
  <div class="header">
    <h1>jQueryポケットリファレンス</h1>
  </div>
  <div class="content">
    <div class="sticky">
      <p>冷蔵庫の賞味期限を確認する</p>
    </div>
    <div class="sticky">
      <p>ネコにごはんをあげる</p>
    </div>
    <div class="sticky">
      <p>コートをクリーニングに出す</p>
    </div>
    <div class="sticky">
      <p>おばあちゃんに電話する</p>
    </div>
  </div>
</div>
<script>
$(document).ready(function(){
  $('<div class="sticky"><p>お風呂を掃除する</p></div>').appendTo⏎
($('.content'));
});
</script>
</body>
```

■実行結果

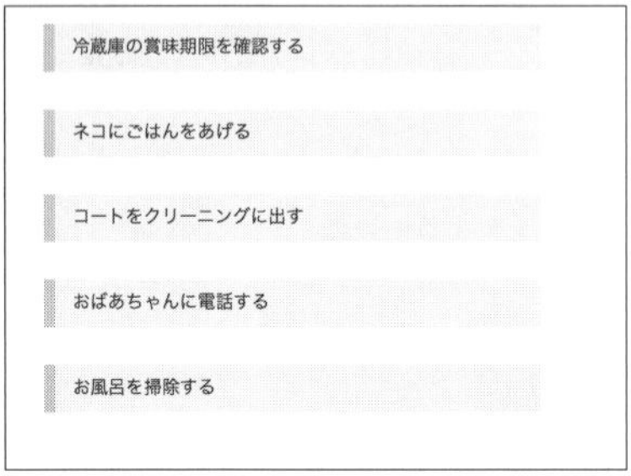

4.3 要素内の先頭に、要素、HTML、jQueryオブジェクトを挿入する

▶書式

```
$( 対象要素 ).prepend( 内容 );
$( 対象要素 ).prepend(function() { 処理... });
```

例

```
$('.contents').prepend(document.createTextNode('文字列を挿入します'));
$('.contents').prepend('<p>ここから本文</p>');
$('.contents').prepend($('h3'));
$('div').prepend(function() {
  return '<span>' + $(this).text + '</span>';
});
```

➡解説

.before()は要素の「前」にコンテンツを追加しますが、.prependは要素内の先頭にコンテンツを追加します。例えば、

```
$('.header').before('<p>Hello</p>');
```

では、結果が、

```
<p>Hello</p>
<div class="header">ヘッダ</div>
```

となるのに対し、

```
$('.header').prepend('<p>Hello</p>');
```


では、

```
<div class="header"><p>Hello</p>ヘッダ</div>
```

となります。

また、挿入する要素としてページ内に既存の要素を指定した場合、その要素は複製されるのではなく、指定した場所に移動されます。

類似のメソッドに「.prependTo()」があります。両者は基本的に同じ目的のメソッドですが、対象要素の検索式と内容の指定が真逆になります。混同しないように注意しましょう。

jQuery 1.4からは、引数としてクロージャを指定できるようになりました。これにより、要素に指定するクラス名を動的に変化させられるようになります。

SAMPLE

ヘッダブロックの先頭に、1文挿入する

```
<body>
<div class="main">
  <div class="header">
    <h1>jQueryポケットリファレンス</h1>
  </div>
  <div class="content">
    <div class="sticky">
      <p>冷蔵庫の賞味期限を確認する</p>
    </div>
    <div class="sticky">
      <p>ネコにごはんをあげる</p>
    </div>
    <div class="sticky">
      <p>コートをクリーニングに出す</p>
    </div>
```

```
    <div class="sticky">
      <p>おばあちゃんに電話する</p>
    </div>
  </div>
</div>
<script>
$(document).ready(function(){
  $('.header').prepend($('<p>jQuery 3対応</p>'));
});
</script>
</body>
```

■実行結果

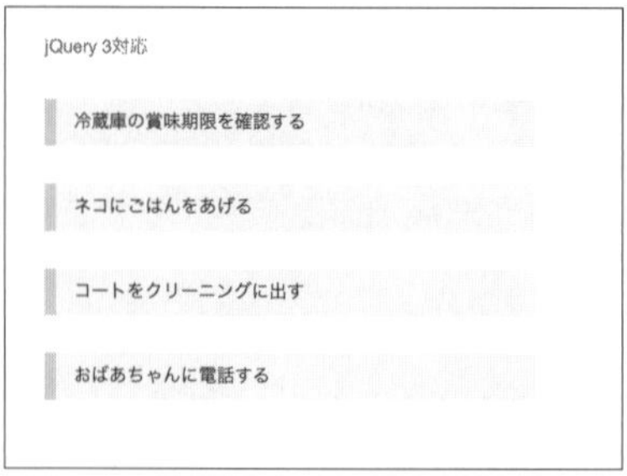

4.4 要素、HTML、jQueryオブジェクトを要素の先頭に挿入する

▶書式

```
$( 内容 ).prependTo( 対象要素 );
```

例

```
$('<p>ここから本文</p>').prependTo('.contents');
$('h3').prependTo('.contents');
```

➡解説

内容と対象要素の検索式が入れ替わることを除けば、動作は.prepend()メソッドと同様です。

挿入する要素としてページ内に既存の要素を指定した場合、その要素は複製されるのではなく、指定した場所に移動されます。

SAMPLE

指定したdiv要素内の先頭に段落要素（<p>）を挿入する

```
<body>
<div class="main">
  <div class="header">
    <h1>jQueryポケットリファレンス</h1>
  </div>
  <div class="content">
    <div class="sticky">
      <p>冷蔵庫の賞味期限を確認する</p>
    </div>
    <div class="sticky">
      <p>ネコにごはんをあげる</p>
    </div>
    <div class="sticky">
      <p>コートをクリーニングに出す</p>
    </div>
    <div class="sticky">
      <p>おばあちゃんに電話する</p>
    </div>
  </div>
</div>
<script>
$(document).ready(function(){
  $('<p>jQuery 3対応</p>').prependTo($('.content'));
});
</script>
</body>
```

4.5 要素の後ろに、要素、HTML、jQueryオブジェクトを挿入する

▶書式

```
$( 対象要素 ).after( 内容 );
$( 対象要素 ).after(function() { 処理... });
```

例

```
$('.header').after(document.createTextNode('文字列を挿入します'));
$('.header').after('<p>ここから本文</p>');
$('.header').after($('h3'));
$('div').after(function() {
  return '<span>' + $(this).text + '</span>';
});
```

➡解説

条件にマッチした対象要素の直後にコンテンツを挿入します。コンテンツは、DOM要素、HTML文字列、jQueryオブジェクトのいずれでも指定可能です。

類似のメソッドに「.insertAfter()」があります。両者は基本的に同じ目的のメソッドですが、対象要素の検索式と内容の指定が真逆になります。混同しないように注意しましょう。

jQuery 1.4から、引数としてクロージャを指定できるようになりました。これにより、追加するコンテンツを動的に変化させられるようになります。

SAMPLE

(1) コンテンツブロックの直後に、説明のdivを挿入する

```
<body>
<div class="main">
  <div class="header">
    <h1>jQueryポケットリファレンス</h1>
  </div>
  <div class="content">
    <div class="sticky">
```

```
      <p>冷蔵庫の賞味期限を確認する</p>
    </div>
    <div class="sticky">
      <p>ネコにごはんをあげる</p>
    </div>
    <div class="sticky">
      <p>コートをクリーニングに出す</p>
    </div>
    <div class="sticky">
      <p>おばあちゃんに電話する</p>
    </div>
  </div>
</div>
<script>
$(document).ready(function(){
  $('.content').after($('<div class="desc"><p>TODOリスト！忘れないように！</p></div>'));
});
</script>
</body>
```

(2) 各div要素の内容に応じた説明を、要素の後に挿入する

```
<body>
<div class="main">
  <div class="header">
    <h1>jQueryポケットリファレンス</h1>
  </div>
  <div class="content">
    <div class="sticky">
      <p>冷蔵庫の賞味期限を確認する</p>
    </div>
    <div class="sticky">
      <p>ネコにごはんをあげる</p>
    </div>
    <div class="sticky">
      <p>コートをクリーニングに出す</p>
    </div>
    <div class="sticky">
      <p>おばあちゃんに電話する</p>
    </div>
```

```
  </div>
</div>
<script>
$(document).ready(function(){
  $('.sticky').after(function() {
    return '<div class="desc"><p>「' + $(this).text() + '」はやりましたか？</p></div>';
  });
});
</script>
</body>
```

■実行結果

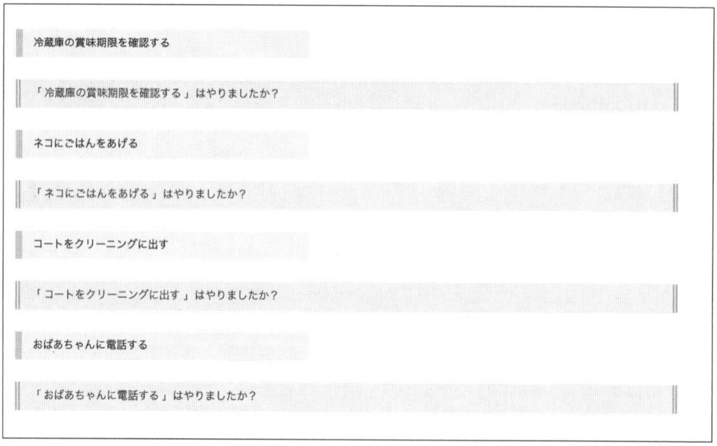

4.6 要素の前に、要素、HTML、jQueryオブジェクトを挿入する

▶ 書式

```
$( 対象要素 ).before( 内容 );
$( 対象要素 ).before(function() { 処理... });
```

例

```
$('.footer').before(document.createTextNode('文字列を挿入します'));
$('.footer').before('<p>ここまで本文</p>');
$('.content').before($('h3'));
$('div').before(function() {
  return '<span>' + $(this).text + '</span>';
});
```

➡ 解説

条件にマッチした対象要素の直前にコンテンツを挿入します。コンテンツは、DOM要素、HTML文字列、jQueryオブジェクトのいずれでも指定可能です。

類似のメソッドに「.insertBefore()」があります。両者は基本的に同じ目的のメソッドですが、対象要素の検索式と内容の指定が真逆になります。混同しないように注意しましょう。

jQuery 1.4から、引数としてクロージャを指定できるようになりました。これにより、追加するコンテンツを動的に変化させられるようになります。

SAMPLE

コンテンツブロックの前に説明文のdivを挿入する

```
<body>
<div class="main">
  <div class="header">
    <h1>jQueryポケットリファレンス</h1>
  </div>
  <div class="content">
    <div class="sticky">
```

```
      <p>冷蔵庫の賞味期限を確認する</p>
    </div>
    <div class="sticky">
      <p>ネコにごはんをあげる</p>
    </div>
    <div class="sticky">
      <p>コートをクリーニングに出す</p>
    </div>
    <div class="sticky">
      <p>おばあちゃんに電話する</p>
    </div>
  </div>
</div>
<script>
$(document).ready(function(){
  $('.content').before($('<div class="desc"><p>★やるべきこと★</p></div>'));
});
</script>
</body>
```

4.7 要素を複製する

▶書式

```
$( 対象要素 ).clone([true/false]);
```

例

```
$('#content').clone();
$('#content').clone(true);
```

➡解説

.clone()メソッドは、対象となる要素を複製します。
.append()メソッドの項で説明したとおり、

```
$('.header').append($('h3'));
```

とした場合、h3要素は.header要素の末尾に「移動」されます。h3要素をコピーして挿入したい場合は、

```
$('h3').clone().appendTo($('.header'));
```

のように、.clone()メソッドで複製しましょう。

.clone()の引数には、複製にその要素に割り当てられたイベントハンドラを含めるかどうかをtrueまたはfalseで指定できます。省略した場合はfalse（イベントハンドラを含めない）が既定の動作になります。

SAMPLE

最初の付箋のdiv要素を複製してコンテンツブロックの末尾に追加し、内容を変更する

```
<body>
<div class="main">
  <div class="header">
    <h1>jQueryポケットリファレンス</h1>
  </div>
  <div class="content">
    <div class="sticky">
      <p>冷蔵庫の賞味期限を確認する</p>
    </div>
    <div class="sticky">
      <p>ネコにごはんをあげる</p>
    </div>
    <div class="sticky">
      <p>コートをクリーニングに出す</p>
    </div>
    <div class="sticky">
      <p>おばあちゃんに電話する</p>
    </div>
  </div>
</div>
<script>
$(document).ready(function(){
  $('.sticky:first').clone().appendTo($('.content')).text('野菜室を掃
除する');
});
</script>
</body>
```

■実行結果

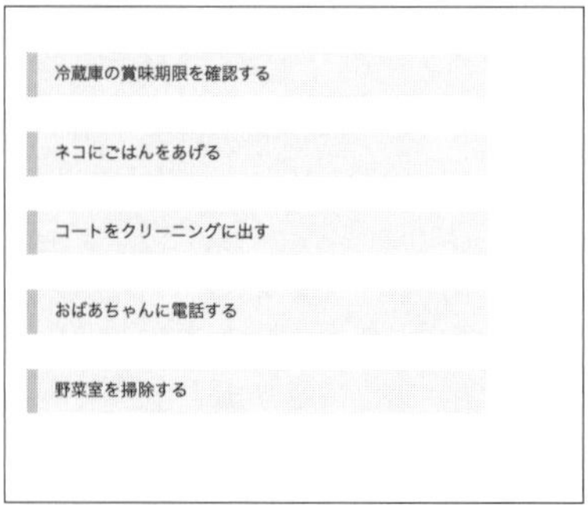

4.8 要素、HTML、jQueryオブジェクトを要素の後ろに挿入する

▶書式

```
$( 内容 ).insertAfter( 対象要素 );
```

例

```
$('<p>ここから本文</p>').insertAfter('.header');
```

➡解説

条件にマッチした対象要素の直後にコンテンツを挿入します。引数としては、DOM要素、HTML文字列、jQueryオブジェクト、セレクタのいずれでも指定可能です。

類似のメソッドに「`.after()`」があります。両者は基本的に同じ目的のメソッドですが、対象要素の検索式と内容の指定が真逆になります。混同しないように注意しましょう。

SAMPLE

ヘッダの直後に、1文を挿入する

```
<body>
<div class="main">
  <div class="header">
    <h1>jQueryポケットリファレンス</h1>
```

```
  </div>
  <div class="content">
    <div class="sticky">
      <p>冷蔵庫の賞味期限を確認する</p>
    </div>
    <div class="sticky">
      <p>ネコにごはんをあげる</p>
    </div>
    <div class="sticky">
      <p>コートをクリーニングに出す</p>
    </div>
    <div class="sticky">
      <p>おばあちゃんに電話する</p>
    </div>
  </div>
</div>
<script>
$(document).ready(function(){
  $('<div class="desc"><p>ここから上はヘッダ↑　ここから下はコンテンツ↓</p></div>').insertAfter('.header');
});
</script>
</body>
```

■実行結果

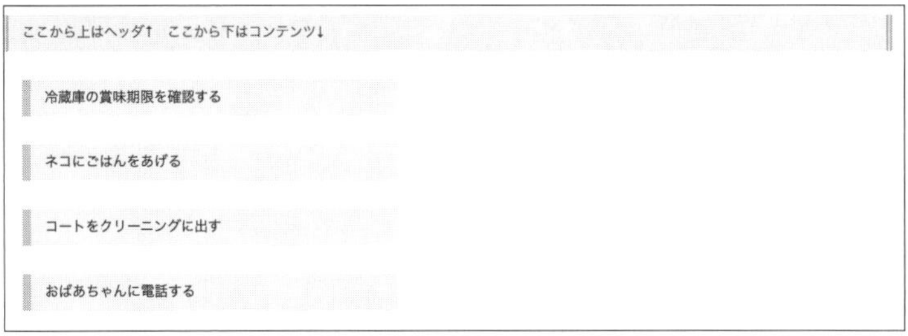

4.9 要素、HTML、jQueryオブジェクトを要素の前に挿入する

▶書式

```
$( 内容 ).insertBefore( 対象要素 );
```

例

```
$('<p>ここから本文</p>').insertBefore('.contents');
```

➡解説

条件にマッチした対象要素の直前にコンテンツを挿入します。引数としては、DOM要素、HTML文字列、jQueryオブジェクト、セレクタのいずれでも指定可能です。

類似のメソッドに「.before()」があります。両者は基本的に同じ目的のメソッドですが、対象要素の検索式と内容の指定が真逆になります。混同しないように注意しましょう。

SAMPLE

フッタの直前に、1文を挿入する

```
<body>
<div class="main">
  <div class="header">
    <h1>jQueryポケットリファレンス</h1>
  </div>
  <div class="content">
    <div class="sticky">
      <p>冷蔵庫の賞味期限を確認する</p>
    </div>
    <div class="sticky">
      <p>ネコにごはんをあげる</p>
    </div>
    <div class="sticky">
      <p>コートをクリーニングに出す</p>
    </div>
    <div class="sticky">
      <p>おばあちゃんに電話する</p>
    </div>
```

```
    </div>
    <div class="footer">
      <hr>
      <p class="copyright">2019 xxxx all rights reserved.</p>
    </div>
</div>
<script>
$(document).ready(function(){
  $('<div class="desc"><p>ここから上はコンテンツ↑　ここから下はフッタ↓</p></div>').insertBefore('.footer');
});
</script>
</body>
```

■実行結果

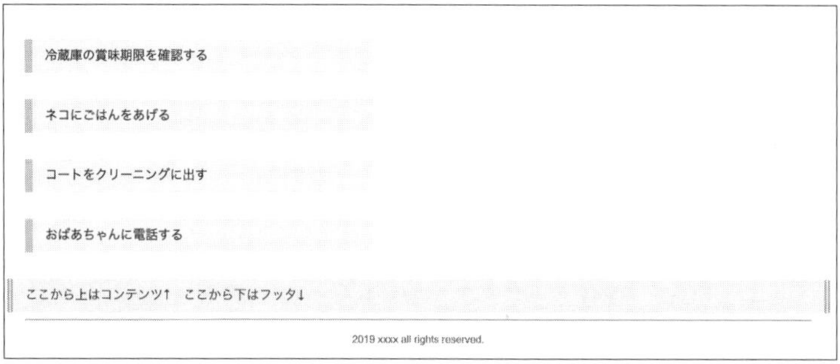

4.10 要素にクラス指定を追加する

▶書式

```
$( 対象要素 ).addClass( クラス名 )
$( 対象要素 ).addClass( クロージャ )
```

例

```
$('p').addClass('class1 class2');
$('p').addClass(function() {...});
```

➡解説

条件にマッチしたDOM要素に対して、クラス指定を追加します。複数のクラス指定を追加する場合は、各クラス名をスペースで区切ります。

jQuery 1.4からは、引数としてクロージャを指定できるようになりました。これにより、要素に指定するクラス名を動的に変化させられるようになります。

SAMPLE

(1) h1要素だけにクラス指定を追加する

```
<body>
<div class="main">
  <div class="header">
    <h1>jQueryポケットリファレンス</h1>
  </div>
  <div class="content">
    <div class="sticky">
      <p>冷蔵庫の賞味期限を確認する</p>
    </div>
    <div class="sticky">
      <p>ネコにごはんをあげる</p>
    </div>
    <div class="sticky">
      <p>コートをクリーニングに出す</p>
    </div>
    <div class="sticky">
      <p>おばあちゃんに電話する</p>
    </div>
  </div>
  <div class="footer">
    <hr>
    <p class="copyright">2019 xxxx all rights reserved.</p>
  </div>
</div>
<script>
$(document).ready(function(){
  $('h1').addClass('title');
});
</script>
</body>
```

■実行結果

(2) 最後の付箋のdiv要素からクラス指定を削除の上、別のクラスを指定する

```
<body>
<div class="main">
  <div class="header">
    <h1>jQueryポケットリファレンス</h1>
  </div>
  <div class="content">
    <div class="sticky">
      <p>冷蔵庫の賞味期限を確認する</p>
    </div>
    <div class="sticky">
      <p>ネコにごはんをあげる</p>
    </div>
    <div class="sticky">
      <p>コートをクリーニングに出す</p>
    </div>
    <div class="sticky">
      <p>おばあちゃんに電話する</p>
    </div>
  </div>
  <div class="footer">
    <hr>
    <p class="copyright">2019 xxxx all rights reserved.</p>
  </div>
</div>
<script>
$(document).ready(function(){
  $('.sticky:last').removeClass('sticky').addClass('sticky2');
});
</script>
</body>
```

■実行結果

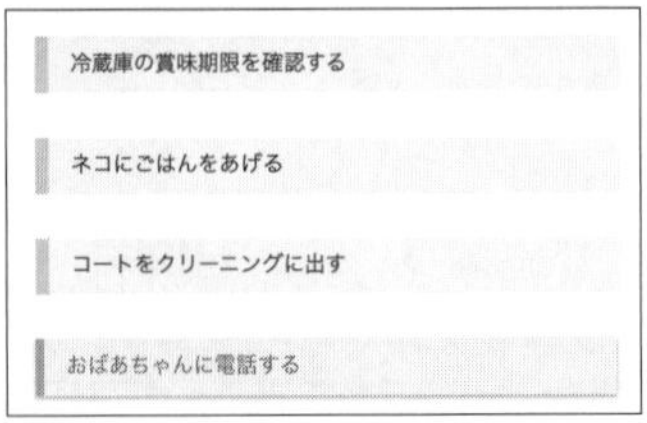

(3) すべての付箋のdiv要素に、出現順に応じてsticky2, sticky3, ...のように連番でクラス名を指定する

```
<body>
<div class="main">
  <div class="header">
    <h1>jQueryポケットリファレンス</h1>
  </div>
  <div class="content">
    <div class="sticky">
      <p>冷蔵庫の賞味期限を確認する</p>
    </div>
    <div class="sticky">
      <p>ネコにごはんをあげる</p>
    </div>
    <div class="sticky">
      <p>コートをクリーニングに出す</p>
    </div>
    <div class="sticky">
      <p>おばあちゃんに電話する</p>
    </div>
  </div>
  <div class="footer">
    <hr>
    <p class="copyright">2019 xxxx all rights reserved.</p>
  </div>
</div>
<script>
$(document).ready(function(){
  $('.sticky').removeClass('sticky').addClass(function(){
    return 'sticky' + parseInt($(this).index() + 2);
  });
});
```

```
</script>
</body>
```

4.11 要素にクラスが指定されているか調べる

▶ 書 式

```
$( 対象要素 ).hasClass( クラス名 );
```

例

```
var sw = $('p').hasClass('myClass');
```

➡ 解 説

.hasClass() メソッドは、引数として与えられたCSSクラスが、条件にマッチした要素に指定されているかどうかを、trueまたはfalseで返します。

SAMPLE

クラスが指定されているか判別し、メッセージを切り替える

```
<body>
<div class="main">
  <div class="header">
    <h1>jQueryポケットリファレンス</h1>
  </div>
  <div class="content">
    <div class="sticky">
      <p>冷蔵庫の賞味期限を確認する</p>
    </div>
    <div class="sticky">
      <p>ネコにごはんをあげる</p>
    </div>
    <div class="sticky">
      <p>コートをクリーニングに出す</p>
    </div>
    <div class="sticky">
      <p>おばあちゃんに電話する</p>
    </div>
```

```
  </div>
  <div class="footer">
    <hr>
    <p class="copyright">2019 xxxx all rights reserved.</p>
  </div>
</div>
<script>
$(document).ready(function(){
  if ($('div:last').hasClass('footer')) {
    $('.footer').append('<p class="desc">最後のdiv要素はfooterクラスが指定されています</p>');
  } else {
    $('.footer').append('<p class="desc">最後のdiv要素はfooterクラスが指定されてません</p>');
  }
});
</script>
</body>
```

4.12 要素からCSSクラス指定を削除する

▶ 書式

```
$( 対象要素 ).removeClass( クラス名 );
$( 対象要素 ).removeClass(function() { 処理... });
```

例

```
$('p').removeClass('myClass');
$('p').removeClass(function() {
  return 'class' + $(this).index();
});
```

➡解説

`.removeClass()`メソッドは、条件にマッチした要素から、クラス指定を削除します。jQuery 1.4以降、引数にクロージャを定義して、削除するクラス名を動的に生成できるようになりました。

SAMPLE

ボタンがクリックされたら、付箋から「sticky」クラスの指定を削除する

```
<body>
<div class="main">
  <div class="header">
    <h1>jQueryポケットリファレンス</h1>
  </div>
  <div class="content">
    <div class="sticky">
      <p>冷蔵庫の賞味期限を確認する</p>
    </div>
    <div class="sticky">
      <p>ネコにごはんをあげる</p>
    </div>
    <div class="sticky">
      <p>コートをクリーニングに出す</p>
    </div>
    <div class="sticky">
      <p>おばあちゃんに電話する</p>
    </div>
    <button class="button" type="button">クラス解除！</button>
  </div>
  <div class="footer">
    <hr>
    <p class="copyright">2019 xxxx all rights reserved.</p>
  </div>
</div>
<script>
$(document).ready(function(){
  $('.button').on('click', function() {
    $('.sticky').removeClass('sticky');
  });
});
</script>
</body>
```

■実行結果

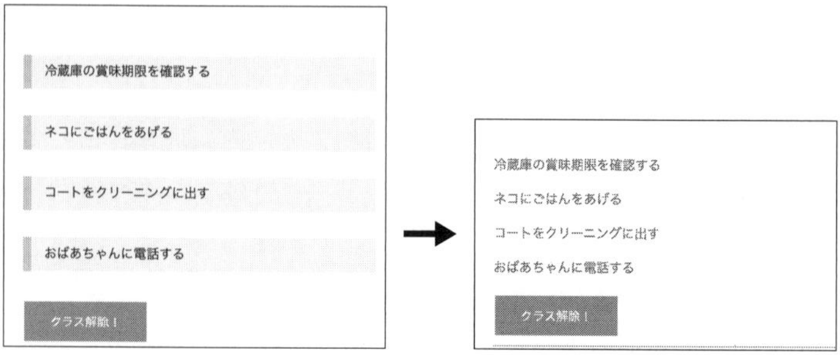

4.13 要素を削除する

▶書式

```
$( 対象要素 ).remove([ セレクタ ]);
```

例

```
$('h3').remove();
$('div').remove('.footer');
```

解説

.remove() メソッドは、条件にマッチした要素を、関連するイベントハンドラなども含めて削除します。

省略可能な引数には、セレクタを指定して削除対象を絞り込めます。

SAMPLE

ボタンがクリックされたら先頭の付箋のdivを削除する

```
<body>
<div class="main">
  <div class="header">
    <h1>jQueryポケットリファレンス</h1>
  </div>
  <div class="content">
    <div class="sticky">
      <p>冷蔵庫の賞味期限を確認する</p>
```

```
    </div>
    <div class="sticky">
      <p>ネコにごはんをあげる</p>
    </div>
    <div class="sticky">
      <p>コートをクリーニングに出す</p>
    </div>
    <div class="sticky">
      <p>おばあちゃんに電話する</p>
    </div>
    <button class="button" type="button">最初の付箋を削除</button>
  </div>
  <div class="footer">
    <hr>
    <p class="copyright">2019 xxxx all rights reserved.</p>
  </div>
</div>
<script>
$(document).ready(function(){
  $('.button').on('click', function() {
    $('.sticky').remove(':first');
  });
});
</script>
</body>
```

■実行結果

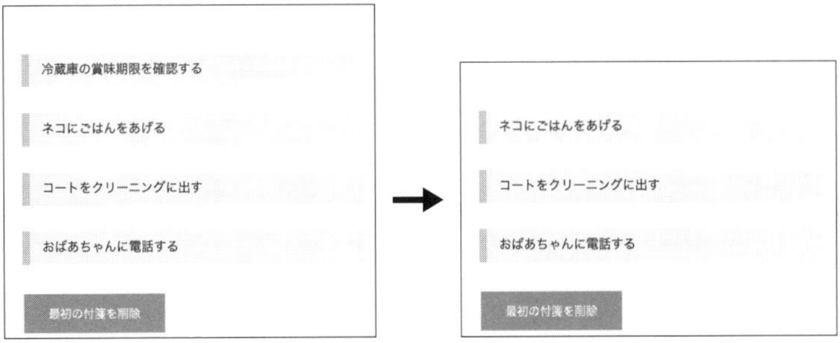

4.14 要素を一時的に削除する

▶書式

```
$( 対象要素 ).detach( セレクタ );
```

例

```
var tmpElem = $('h1').detach();
```

➡解説

.detach()メソッドは.remove()メソッドと同様に条件にマッチした要素をDOMから削除しますが、.remove()が要素に関連するイベントハンドラやデータも一緒に削除するだけなのに対し、.detach()は削除した要素を保存しておいて、後でまたDOMに追加できます。

SAMPLE

[消す] ボタンでコンテンツを一時削除、[復活] ボタンで付箋の最後に戻す

```
<body>
<div class="main">
  <div class="header">
    <h1>jQueryポケットリファレンス</h1>
  </div>
  <div class="content">
    <div class="sticky">
      <p>1.冷蔵庫の賞味期限を確認する</p>
    </div>
    <div class="sticky">
      <p>2.ネコにごはんをあげる</p>
    </div>
    <div class="sticky">
      <p>3.コートをクリーニングに出す</p>
    </div>
    <div class="sticky">
      <p>4.おばあちゃんに電話する</p>
    </div>
    <button class="button" id="detach" type="button">最初の付箋をいっ⏎
たん削除</button>
```

```
    <button class="button" id="restore" type="button">消した付箋を復活
</button>
  </div>
  <div class="footer">
    <hr>
    <p class="copyright">2019 xxxx all rights reserved.</p>
  </div>
</div>
<script>
$(document).ready(function(){
  var tmp;
  $('#detach').on('click', function() {
    tmp = $('.sticky:first').detach();
  });
  $('#restore').on('click', function() {
    tmp.insertAfter('.sticky:last');
  });
});
</script>
</body>
```

■実行結果

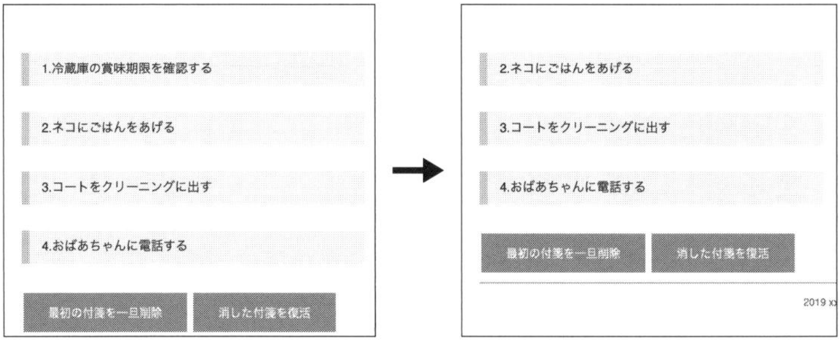

4.15 要素のすべての子ノードを削除する

▶書式

```
$( 対象要素 ).empty();
```

例

```
$('.contents').empty();
```

➡解説

条件にマッチした要素の階層下にある、すべての子ノードを削除します。

要素の下にテキストやイベントハンドラが含まれる場合、これらも削除されます。

.remove()に似ていますが、.empty()はマッチした要素そのものは削除せず、子ノードだけを削除します。一時的に要素内をクリアして、別のコンテンツで置き換えたい場合などに便利なメソッドです。

SAMPLE

ボタンクリックで要素をクリアし、別のコンテンツで置き換える

```
<body>
<div class="main">
  <div class="header">
    <h1>jQueryポケットリファレンス</h1>
  </div>
  <div class="content">
    <div class="sticky">
      <p>1.冷蔵庫の賞味期限を確認する</p>
    </div>
    <div class="sticky">
      <p>2.ネコにごはんをあげる</p>
    </div>
    <div class="sticky">
      <p>3.コートをクリーニングに出す</p>
    </div>
    <div class="sticky">
      <p>4.おばあちゃんに電話する</p>
    </div>
```

```
    <button class="button" type="button">すべて完了</button>
  </div>
  <div class="footer">
    <hr>
    <p class="copyright">2019 xxxx all rights reserved.</p>
  </div>
</div>
<script>
$(document).ready(function(){
  $('.button').on('click', function() {
    $('.content').empty().html('<div class="desc">TODOはありません
</div>');
  });
});
</script>
</body>
```

■実行結果

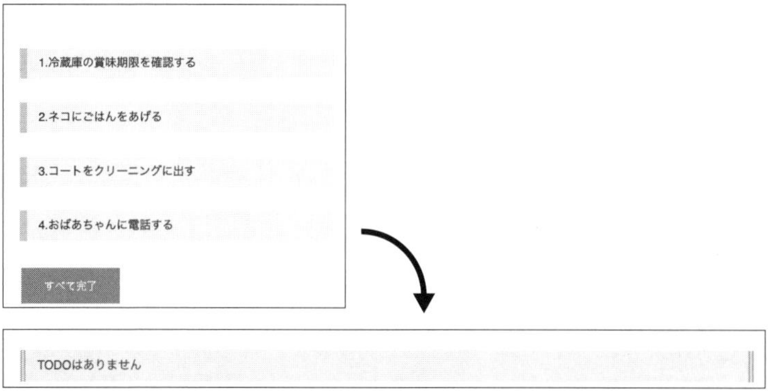

4.16 要素の最初のアトリビュート値を取得する

▶書式

```
.attr( アトリビュート名 );
```

例

```
var imgsrc = $('img').attr('src');
```

➡解説

条件にマッチしたDOM要素について、指定したアトリビュートの値を返します。

ただし、複数の要素がマッチした場合は、そのうちの「最初の」要素だけが対象になります。マッチするすべての要素を対象にしたい場合は、.each()メソッドによるループを使います。

SAMPLE

(1) img要素からsrcアトリビュートの値を取得してキャプションとして表示する

```
<body>
<div class="main">
  <div class="header">
    <h1>jQueryポケットリファレンス</h1>
  </div>
  <div class="content">
    <div class="sticky">
      <p>1.冷蔵庫の賞味期限を確認する</p>
    </div>
    <div class="sticky">
      <p>2.ネコにごはんをあげる</p>
      <figure><img src="gomao.jpg"></figure>
    </div>
    <div class="sticky">
      <p>3.コートをクリーニングに出す</p>
    </div>
    <div class="sticky">
      <p>4.おばあちゃんに電話する</p>
    </div>
  </div>
  <div class="footer">
    <hr>
    <p class="copyright">2019 xxxx all rights reserved.</p>
  </div>
</div>
<script>
$(document).ready(function(){
  var imgname = $('img').attr('src');
  $('img').after('<figcaption class="caption">' + imgname + ⏎
'</figcaption>');
```

```
});
</script>
</body>
```

■実行結果

(2) フォームのすべてのinput要素から、nameアトリビュートの値を取得する

```
<body>
<div class="main">
  <div class="header">
    <h1>jQueryポケットリファレンス</h1>
  </div>
  <div class="content">
    <form>
      姓<br><input class="form-input" type="text" name="lastname"><br>
      名<br><input class="form-input" type="text" name="firstname"><br>
      メールアドレス<br><input class="form-input" type="text" name="email"><br>
      電話番号<br><input class="form-input" type="text" name="phone"><br>
      <input class="button" type="submit" name="submit" value="送信">
    </form>
    <div class="desc"></div>
  </div>
```

```
  <div class="footer">
    <hr>
    <p class="copyright">2019 xxxx all rights reserved.</p>
  </div>
</div>
<script>
$(document).ready(function(){
  $('form input:text').each( function(index) {
    $('.desc').append('<p>' + $(this).attr('name') + '</p>');
  });
});
</script>
</body>
```

■実行結果

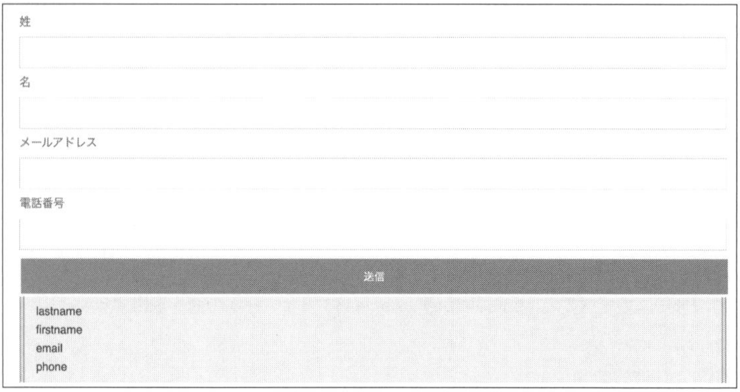

4.17 要素に対してアトリビュート値を設定する

▶書式

```
.attr( アトリビュート名 , 値 );
.attr( 配列 );
.attr( function() { 処理... });
```

例

```
$('#photo').attr('alt', 'photo');

$('#photo').attr({
 alt: 'photo',
 title: '写真'
});

$('form input:text').attr('value', function() {
  return $(this).attr('name');
});
```


➡解説

DOM要素の指定したアトリビュートに対して、値をセットします。

複数のアトリビュート値を一括して設定したい場合は、引数として「{**要素名**:**値**, **要素名**:**値**...}」の形式の配列を渡せます。

jQuery 1.1以降、クロージャからの戻り値によって、値を動的に設定することも可能です。

SAMPLE

(1) すべてのimg要素のtitleアトリビュートとaltアトリビュートに、srcアトリビュートに指定された画像のファイル名を設定する

```
<body>
<div class="main">
  <div class="header">
    <h1>jQueryポケットリファレンス</h1>
  </div>
  <div class="content">
```

```
    <div class="sticky">
      <p>1.ネコをあつめる</p>
      <figure><img src="girls.jpg"></figure>
    </div>
    <div class="sticky">
      <p>2.ネコにごはんをあげる</p>
      <figure><img src="gomao.jpg"></figure>
    </div>
    <div class="sticky">
      <p>3.顔を洗う</p>
      <figure><img src="wash.jpg"></figure>
    </div>
    <div class="sticky">
      <p>4.遊びに行く</p>
      <figure><img src="play.jpg"></figure>
    </div>
  </div>
  <div class="footer">
    <hr>
    <p class="copyright">2019 xxxx all rights reserved.</p>
  </div>
</div>
<script>
$(document).ready(function(){
  var title;
  $('img').each(function() {
    title = $(this).attr('src');
    $(this).attr('alt', title);
    $(this).attr('title', title);
  });
});
</script>
</body>
```

■実行結果

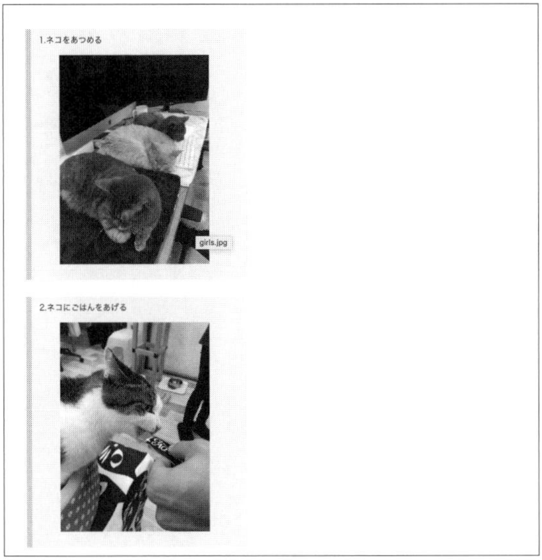

(2) フォームのすべてのinput type="text"要素のplaceholderアトリビュートに、それぞれのnameアトリビュートの値を設定する

```
<body>
<div class="main">
  <div class="header">
    <h1>jQueryポケットリファレンス</h1>
  </div>
  <div class="content">
    <form>
      姓<br><input class="form-input" type="text" name="lastname"><br>
      名<br><input class="form-input" type="text" name="firstname"><br>
      メールアドレス<br><input class="form-input" type="text" name=↩
"email"><br>
      電話番号<br><input class="form-input" type="text" name="phone"><br>
      <input class="button" type="submit" name="submit" value="送信">
    </form>
  </div>
  <div class="footer">
    <hr>
    <p class="copyright">2019 xxxx all rights reserved.</p>
```

```
  </div>
</div>
<script>
$(document).ready(function(){
  $('form input:text').attr('placeholder', function() {
    return $(this).attr('name');
  });
});
</script>
</body>
```

■実行結果

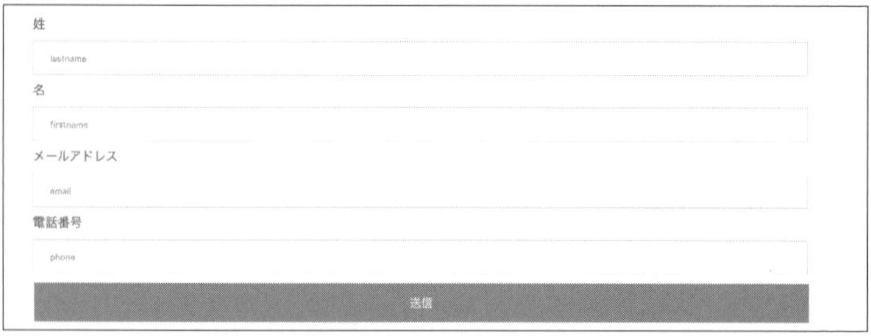

4.18 要素から指定したアトリビュートを削除する

▶書式

```
$( 対象要素 ).removeAttr( アトリビュート名 );
```

例

```
$('form input:text').removeAttr('disabled');
```

➡解説

.removeAttr()メソッドは、条件にマッチした要素から、指定したアトリビュートを削除します。

SAMPLE

ボタンクリックで編集不可のテキストフィールドを編集可能にする

```
<body>
<div class="main">
  <div class="header">
    <h1>jQueryポケットリファレンス</h1>
  </div>
  <div class="content">
    <form>
      姓<br><input class="form-input" type="text" name="lastname" ↩
disabled="disabled"><br>
      名<br><input class="form-input" type="text" name="firstname" ↩
disabled="disabled"><br>
      メールアドレス<br><input class="form-input" type="text" name=↩
"email" disabled="disabled"><br>
      電話番号<br><input class="form-input" type="text" name="phone" ↩
disabled="disabled"><br>
      <button class="button" type="button" name="submit">編集する↩
</button>
    </form>
  </div>
  <div class="footer">
    <hr>
    <p class="copyright">2019 xxxx all rights reserved.</p>
  </div>
</div>
<script>
$(document).ready(function(){
  $('.button').on('click', function() {
    $('form input:text').removeAttr('disabled').focus().↩
attr('placeholder', '編集可能です');
  });
});
</script>
</body>
```

4.19 すべての対象要素を置換する

▶書式

```
$( 対象要素 ).replaceWith( 置換内容 );
$( 対象要素 ).replaceWith(function() { 処理... });
```

例

```
$('.list').replaceWith('<span>置き換えました</span>');
$('div').replaceWith(function() {
  return $(this).index() + '番目のdivブロックです';
});
```

➡解説

.replaceWith()メソッドは、条件にマッチした対象要素を置換内容で置き換えます。同様のメソッドに.replaceAll()があります。両者は基本的に同じ目的のメソッドですが、対象要素の検索式と内容の指定が真逆になります。混同しないように注意しましょう。

jQuery 1.4以降、引数にクロージャを定義して、置換内容を動的に生成できるようになりました。

SAMPLE

ボタンクリックでdiv要素を置き換える

```
<body>
<div class="main">
  <div class="header">
    <h1>jQueryポケットリファレンス</h1>
  </div>
  <div class="content">
    <div class="sticky">
      <p>ネコをあつめる</p>
      <figure><img src="girls.jpg"></figure>
    </div>
    <div class="sticky">
      <p>ネコにごはんをあげる</p>
      <figure><img src="gomao.jpg"></figure>
    </div>
```

```
    <button class="button">みんなで叫ぶ！</button>
  </div>
  <div class="footer">
    <hr>
    <p class="copyright">2019 xxxx all rights reserved.</p>
  </div>
</div>
<script>
$(document).ready(function(){
  $('.button').on('click', function() {
    $('img').replaceWith('<img src="scream.jpg">');
  });
});
</script>
</body>
```

■実行結果

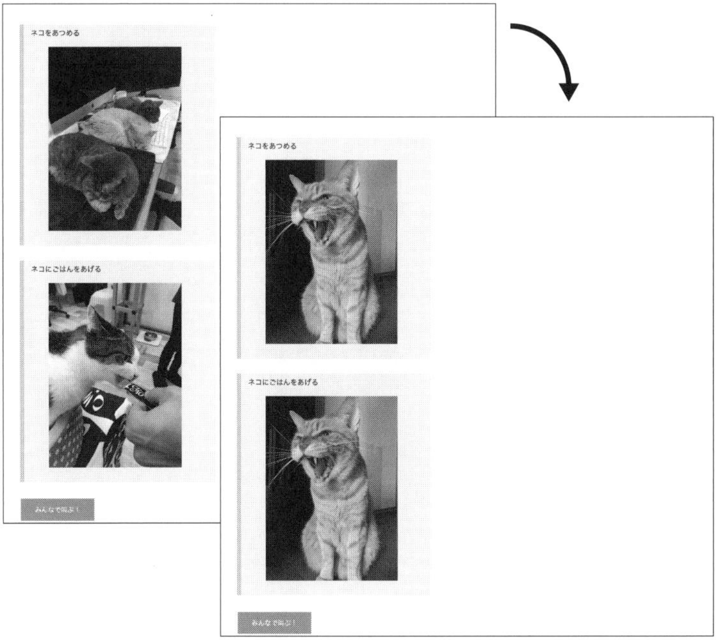

4.20 対象要素をすべて置換する

▶書式

```
$( 置換内容 ).replaceAll( 対象要素 );
```

例

```
$('<span>置き換えました</span>').replaceAll('.list');
```

➡解説

`.replaceAll()`メソッドは、条件にマッチした対象要素を置換内容で置き換えます。同様のメソッドに`.replaceWith()`があります。両者は基本的に同じ目的のメソッドですが、対象要素の検索式と内容の指定が真逆になります。混同しないように注意しましょう。

SAMPLE

ボタンクリックですべてのdiv要素を一括置換する

```
<body>
<div class="main">
  <div class="header">
    <h1>jQueryポケットリファレンス</h1>
  </div>
  <div class="content">
    <div class="sticky">
      <p>ネコをあつめる</p>
      <figure><img src="girls.jpg"></figure>
    </div>
    <div class="sticky">
      <p>ネコにごはんをあげる</p>
      <figure><img src="gomao.jpg"></figure>
    </div>
    <button class="button">みんなで叫ぶ！</button>
  </div>
  <div class="footer">
    <hr>
    <p class="copyright">2019 xxxx all rights reserved.</p>
  </div>
```

```
</div>
<script>
$(document).ready(function(){
  $('.button').on('click', function() {
    $('<img src="scream.jpg">').replaceAll('img');
  });
});
</script>
</body>
```


4.21 要素それぞれに親要素を追加する

▶書式

```
$( 対象要素 ).wrap( 親要素 );
$( 対象要素 ).wrap(function(){ 処理... });
```

例

```
$('p').wrap('<div></div>');
$('.child').wrap(function(){
  return '<div class="' + $(this).text() + '">';
});
```

➡解説

.wrap()は、.unwrap()の対になるメソッドです。条件にマッチした要素を、引数で指定した親要素でくるみます。例えば、「<p>xxxxxx</p>」に対して「$('p').wrap('<div></div>');」が実行された場合、p要素の親要素としてdivが挿入されます。

jQuery 1.4以降、引数にクロージャが定義できるようになり、親要素の動的な定義が可能になりました。

SAMPLE

すべてのp要素をdiv要素で括る

```
<body>
<div class="main">
  <div class="header">
```

```
    <h1>jQueryポケットリファレンス</h1>
  </div>
  <div class="content">
    <div class="sticky">
      <p>ネコをあつめる</p>
      <figure><img src="girls.jpg"></figure>
    </div>
    <div class="sticky">
      <p>ネコにごはんをあげる</p>
      <figure><img src="gomao.jpg"></figure>
    </div>
  </div>
  <div class="footer">
    <hr>
    <p class="copyright">2019 xxxx all rights reserved.</p>
  </div>
</div>
<script>
$(document).ready(function(){
  $('p').wrap('<div class="wrapper"></div>');
});
</script>
</body>
```

4.22 要素の親要素を削除する

▶書式

```
$( 対象要素 ).unwrap();
```

例

```
$('p').unwrap();
```

➡解説

.unwrap()は、.wrap()の対になるメソッドで、条件にマッチした要素の親要素を削除します。例えば、「<div><p>xxxxxx</p></div>」に対して「$('p').unwrap();」が実行された場合、p要素の親のdiv要素が取り除かれます。

SAMPLE

[wrap] [unwrap] ボタンで、親要素（<figure>）の有り・無しを切り替える

```
<body>
<div class="main">
  <div class="header">
    <h1>jQueryポケットリファレンス</h1>
  </div>
  <div class="content">
    <div class="sticky">
      <p>ネコをあつめる</p>
      <figure><img src="girls.jpg"></figure>
    </div>
    <div class="sticky">
      <p>ネコにごはんをあげる</p>
      <figure><img src="gomao.jpg"></figure>
    </div>
    <button class="button" id="unwrap">Unwrap</button>
    <button class="button" id="wrap">Wrap</button>
  </div>
  <div class="footer">
    <hr>
    <p class="copyright">2019 xxxx all rights reserved.</p>
  </div>
</div>
<script>
$(document).ready(function(){
  $('#unwrap').on('click', function() {
    $('img').unwrap();
  });
  $('#wrap').on('click', function() {
    $('img').wrap('<figure></figure>');
  });
});
</script>
</body>
```

■実行結果

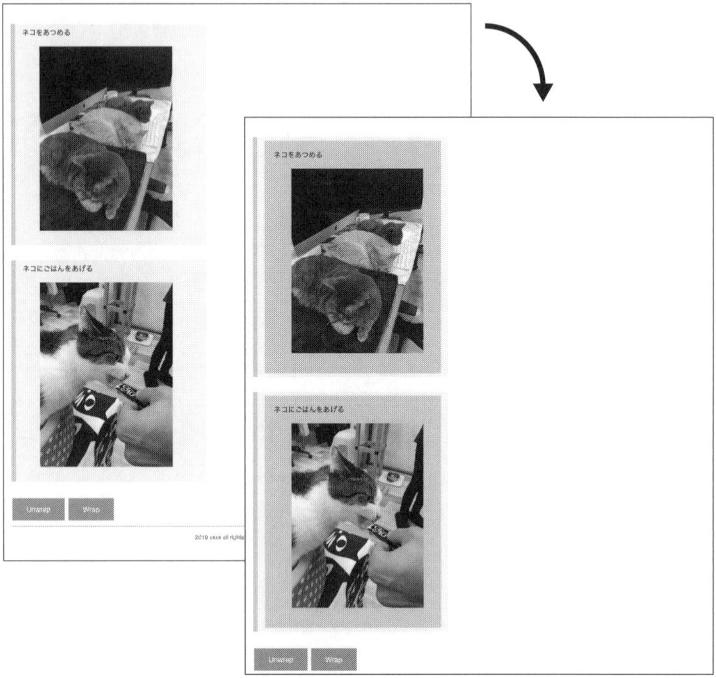

4.23 要素をまとめて親要素を追加する

▶書式

```
$( 対象要素 ).wrapAll( 親要素 );
```

例

```
$('p').wrapAll('<div></div>');
```

➡解説

.wrapAll()は、.wrap()と同様に、条件にマッチした要素を引数で指定した親要素でくるみます。ただし、.wrap()がマッチした要素それぞれに親要素を追加するのに対し、.wrapAll()はマッチした要素すべてを1つの親要素でくるみます。

SAMPLE

付箋のdiv要素すべてをまとめて、親のdiv要素（.stickies）で括る

```
<body>
<div class="main">
  <div class="header">
    <h1>jQueryポケットリファレンス</h1>
  </div>
  <div class="content">
    <div class="sticky">
      <p>ネコをあつめる</p>
      <figure><img src="girls.jpg"></figure>
    </div>
    <div class="sticky">
      <p>ネコにごはんをあげる</p>
      <figure><img src="gomao.jpg"></figure>
    </div>
    <button class="button" id="unwrap">Unwrap</button>
    <button class="button" id="wrap">Wrap</button>
  </div>
  <div class="footer">
    <hr>
    <p class="copyright">2019 xxxx all rights reserved.</p>
  </div>
</div>
<script>
$(document).ready(function(){
  $('#unwrap').on('click', function() {
    $('.sticky').unwrap();
  });
  $('#wrap').on('click', function() {
    $('.sticky').wrapAll('<div class="stickies"></div>');
  });
});
</script>
</body>
```

■実行結果

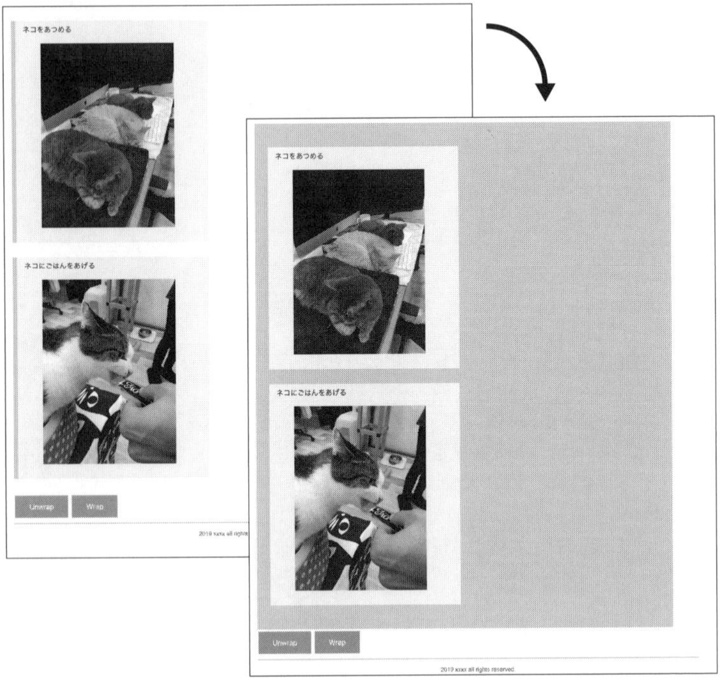

4.24 要素それぞれの内側に親要素を追加する

▶書 式

```
$( 対象要素 ).wrapInner( 親要素 );
```

例

```
$('p').wrapInner('<div></div>');
```

➡解 説

.wrapInner()は、.wrap()と同様に、条件にマッチした要素を引数で指定した親要素でくるみます。ただし、.wrap()がマッチした要素自体に親要素を追加するのに対し、.wrapInner()はマッチした要素の中のコンテンツに対して親要素を追加します。

SAMPLE

付箋（.sticky）のdiv要素の内側にdiv要素（.stickies）を追加する

```
<body>
<div class="main">
  <div class="header">
    <h1>jQueryポケットリファレンス</h1>
  </div>
  <div class="content">
    <div class="sticky">
      <p>ネコをあつめる</p>
      <figure><img src="girls.jpg"></figure>
    </div>
    <div class="sticky">
      <p>ネコにごはんをあげる</p>
      <figure><img src="gomao.jpg"></figure>
    </div>
    <button class="button" id="unwrap">Unwrap</button>
    <button class="button" id="wrap">Wrap</button>
  </div>
  <div class="footer">
    <hr>
    <p class="copyright">2019 xxxx all rights reserved.</p>
  </div>
</div>
<script>
$(document).ready(function(){
  $('#unwrap').on('click', function() {
    $('.sticky p').unwrap();
  });
  $('#wrap').on('click', function() {
    $('.sticky').wrapInner('<div class="stickies"></div>');
  });
});
</script>
</body>
```

4.25 要素からHTML文字列を取得する

▶書式

```
$( 対象要素 ).html();
```

例

```
var htmlStr = $('div').html();
```

➡解説

条件にマッチした最初の要素に含まれるHTML文字列を取得します。このメソッドはHTMLドキュメントでだけ有効です。XMLドキュメント上では使えません。

SAMPLE

指定した要素のHTML文字列を取得する

```
<body>
<div class="main">
  <div class="header">
    <h1>jQueryポケットリファレンス</h1>
  </div>
  <div class="content">
    <div class="sticky">
      <p>ネコをあつめる</p>
      <figure><img src="girls.jpg"></figure>
    </div>
    <div class="sticky">
      <p>ネコにごはんをあげる</p>
      <figure><img src="gomao.jpg"></figure>
    </div>
    <button class="button">HTML</button>
  </div>
  <div class="footer">
    <hr>
    <p class="copyright">2019 xxxx all rights reserved.</p>
  </div>
```

```
</div>
<script>
$(document).ready(function(){
  $('.button').on('click', function() {
    var html = $('.sticky:first').html();
    alert(html);
  });
});
</script>
</body>
```

■実行結果

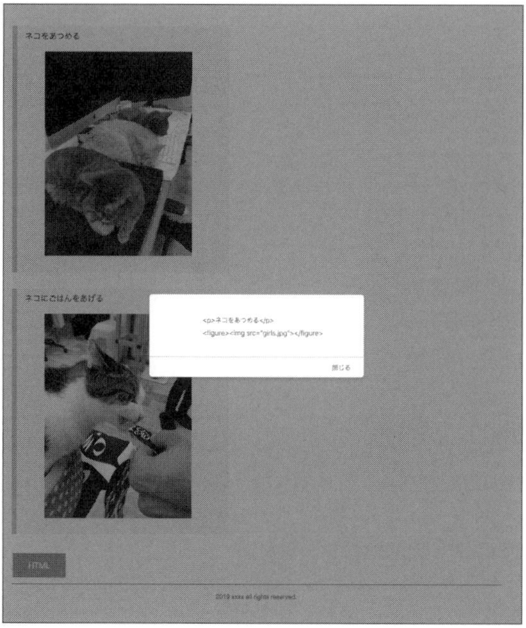

4.26 要素にHTML文字列を設定する

▶ 書式

```
$( 対象要素 ).html( HTML文字列 );
$( 対象要素 ).html(function() { 処理... });
```

例

```
$('div').html('<span>HTMLの文字列をセットします。</span>');
$('div').html(function() {
  return '<span>' + $(this).index() + '番目のdiv要素です。
</span>';
});
```

➡ 解 説

条件にマッチしたすべての要素に、引数として与えたHTML文字列を設定します。このメソッドはHTMLドキュメントでだけ有効です。XMLドキュメント上では使えません。

jQuery 1.4以降では、引数にクロージャを記述できますので、動的なHTML文字列の設定が可能になりました。

SAMPLE

付箋のdiv要素それぞれの中のHTMLを書き換える

```
<body>
<div class="main">
  <div class="header">
    <h1>jQueryポケットリファレンス</h1>
  </div>
  <div class="content">
    <div class="sticky">
      <p>ネコをあつめる</p>
      <figure><img src="girls.jpg"></figure>
    </div>
    <div class="sticky">
      <p>ネコにごはんをあげる</p>
      <figure><img src="gomao.jpg"></figure>
    </div>
```

```
    <button class="button">HTMLを書き換える</button>
  </div>
  <div class="footer">
    <hr>
    <p class="copyright">2019 xxxx all rights reserved.</p>
  </div>
</div>
<script>
$(document).ready(function(){
  $('.button').on('click', function() {
    $('.sticky:first').html('<p class="desc">ネコたちは去っていきました</p>');
    $('.sticky:last').html('<p class="desc">ネコはおなかいっぱいです</p>');
  });
});
</script>
</body>
```


4.27 要素からテキスト文字列を取得する

▶書式

```
$( 対象要素 ).text();
```

例

```
var textStr = $('div').text();
```

➡解説

条件にマッチした要素から、テキスト文字列を取得します。複数の要素にマッチした場合、すべての要素のテキスト文字列が連結した状態で返されます。

`.html()`メソッドに似ていますが、このメソッドはHTMLドキュメントだけでなく、XMLドキュメントに対しても有効です。

なお、`.text()`はフォームのinput要素から値を取得することはできません。代わりに`.val()`メソッドを使用しましょう。

SAMPLE

指定した要素からテキスト文字列を取得する

```
<body>
<div class="main">
  <div class="header">
    <h1>jQueryポケットリファレンス</h1>
  </div>
  <div class="content">
    <div class="sticky">
      <p>ネコをあつめる</p>
      <figure><img src="girls.jpg"></figure>
    </div>
    <div class="sticky">
      <p>ネコにごはんをあげる</p>
      <figure><img src="gomao.jpg"></figure>
    </div>
    <button class="button">テキストだけを取得</button>
  </div>
  <div class="footer">
    <hr>
    <p class="copyright">2019 xxxx all rights reserved.</p>
  </div>
</div>
<script>
$(document).ready(function(){
  $('.button').on('click', function() {
    var text = $('.sticky').text();
    alert(text);
  });
});
</script>
</body>
```

■実行結果

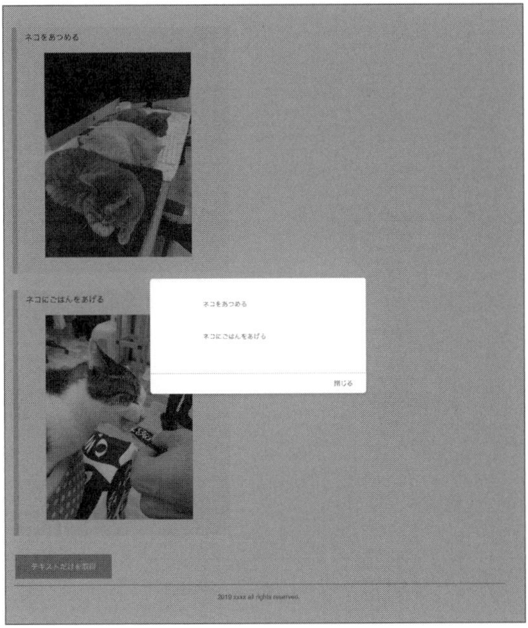

4.28 要素にテキスト文字列を設定する

▶書式

```
$( 対象要素 ).text( テキスト文字列 );
$( 対象要素 ).text(function() { 処理... });
```

例

```
$('div').text('文字列をセットします。');
$('div').text(function() {
  return $(this).index() + '番目のdiv要素です。';
});
```

➡解説

条件にマッチしたすべての要素に、引数として与えた文字列を設定します。このメソッドはHTMLドキュメント、XMLドキュメント共に使用可能です。

.html()メソッドと異なり、.text()メソッドでは、引数として与えた文字列がエスケープされます。例えば「<span>」は、「<span>」となります。

なお、.text()はフォームのinput要素に値を設定することはできません。代わりに.val()メソッドを使用しましょう。

jQuery 1.4以降では、引数にクロージャを記述できますので、動的なHTML文字列の設定が可能になりました。

SAMPLE

ボタンクリックでtext()メソッドを実行

```
<body>
<div class="main">
  <div class="header">
    <h1>jQueryポケットリファレンス</h1>
  </div>
  <div class="content">
    <div class="sticky">
      <p>ネコをあつめる</p>
      <figure><img src="girls.jpg"></figure>
    </div>
    <div class="sticky">
      <p>ネコにごはんをあげる</p>
      <figure><img src="gomao.jpg"></figure>
    </div>
    <button class="button">テキストを書き換え</button>
  </div>
  <div class="footer">
    <hr>
    <p class="copyright">2019 xxxx all rights reserved.</p>
  </div>
</div>
<script>
$(document).ready(function(){
  $('.button').on('click', function() {
```

```
    $('.sticky:first p').text('あつまれ！');
    $('.sticky:last p').text('ごちそうさま！');
  });
});
</script>
</body>
```


4.29 フォーム要素から値を取得する

▶ 書式

```
$( 対象要素 ).val();
```

例

```
var email = $('#email').val();
var members = $('select.member option:selected').val();
```

➡ 解説

.val()メソッドは、フォーム要素から値を取得します。

複数選択可能なオプションリスト（select multiple）やチェックボックスの場合、.val()メソッドは選択されたすべての値を配列として返します。

複数選択可能なオプションリスト（select multiple）やチェックボックスでなにも選択されていない場合、jQuery 3以前ではnullが返されていましたが、jQuery 3からは空の配列が返されます。

SAMPLE

フォームに入力された値を取得する

```
<body>
<div class="main">
  <div class="header">
    <h1>jQueryポケットリファレンス</h1>
  </div>
  <div class="content">
    <form>
      姓<br><input class="form-input" type="text" name="lastname"><br>
      名<br><input class="form-input" type="text" name="firstname"><br>
```

```
      メールアドレス<br><input class="form-input" type="text" name="email"><br>
      電話番号<br><input class="form-input" type="text" name="phone"><br>
      職業<br>
      <select multiple class="form-input" name="job">
        <option value="">----選択してください----</option>
        <option value="employee">会社員</option>
        <option value="self-employed">自営業</option>
        <option value="student">学生</option>
        <option value="homemaker">主婦・主夫</option>
      </select><br>
      <button class="button" type="button" name="submit">確認</button>
    </form>
    <div class="desc"></div>
  </div>
  <div class="footer">
    <hr>
    <p class="copyright">2019 xxxx all rights reserved.</p>
  </div>
</div>
<script>
$(document).ready(function(){
  $('.button').on('click', function() {
    $('form input:text').each(function() {
      $('.desc').append($(this).attr('name') + '=' + $(this).val() + '<br />');
    });
    $('select option:selected').each(function() {
      $('.desc').append($('select').attr('name') + '=' + $(this).val() + '<br />');
    });
  });
});
</script>
</body>
```

■実行結果

4.30 フォーム要素に値を設定する

▶書式

```
$( 対象要素 ).val( 値 );
$( 対象要素 ).val(function( インデックス , 値 ) ⏎
{ 処理... });
```

例

```
$('#email').val('xxxxx@example.com');
$('#member').val(['Suzuki','Yamada']);
```

➡解説

フォーム要素に値を設定します。

複数選択可能なオプションリスト（select multiple）やチェックボックスの場合、値の配列を引数として渡して、特定の選択肢を選択状態に設定できます。

jQuery 1.4以降では、引数にクロージャを記述できます。

クロージャは2つの引数、「インデックス」と「値」を取れます。インデックスは、条件にマッチした要素のうち、現在の要素の出現する順序、値は、現在の要素の値です。これらを活用することで、フォームへの値の設定が柔軟に行えるでしょう。

SAMPLE

(1) 複数選択可能なオプションリストで、複数のオプションを選択状態にする

```
<body>
<div class="main">
  <div class="header">
    <h1>jQueryポケットリファレンス</h1>
  </div>
  <div class="content">
    <form>
      姓<br><input class="form-input" type="text" name="lastname"><br>
      名<br><input class="form-input" type="text" name="firstname"><br>
      メールアドレス<br><input class="form-input" type="text" name="email"><br>
      電話番号<br><input class="form-input" type="text" name="phone"><br>
      職業<br>
      <select multiple class="form-input" name="job">
        <option value="">----選択してください----</option>
        <option value="employee">会社員</option>
        <option value="self-employed">自営業</option>
        <option value="student">学生</option>
        <option value="homemaker">主婦・主夫</option>
      </select><br>
      <button class="button" type="button" name="submit">選択</button>
    </form>
    <div class="desc"></div>
  </div>
  <div class="footer">
    <hr>
    <p class="copyright">2019 xxxx all rights reserved.</p>
  </div>
</div>
<script>
$(document).ready(function(){
  $('.button').on('click', function() {
```

```
    var sel = ['student','homemaker'];
    $('select').val(sel);
  });
});
</script>
</body>
```

■実行結果

(2) テキストフィールドに値を設定する

```
<body>
<div class="main">
  <div class="header">
    <h1>jQueryポケットリファレンス</h1>
  </div>
  <div class="content">
    <form>
      姓<br><input class="form-input" type="text" name="lastname"><br>
      名<br><input class="form-input" type="text" name="firstname"><br>
      メールアドレス<br><input class="form-input" type="text" name=
"email"><br>
      電話番号<br><input class="form-input" type="text" name="phone"><br>
      職業<br>
      <select multiple class="form-input" name="job">
        <option value="">----選択してください----</option>
        <option value="employee">会社員</option>
        <option value="self-employed">自営業</option>
        <option value="student">学生</option>
```

```
            <option value="homemaker">主婦・主夫</option>
        </select><br>
        <button class="button" type="button" name="submit">値を設定</button>
    </form>
    <div class="desc"></div>
  </div>
  <div class="footer">
    <hr>
    <p class="copyright">2019 xxxx all rights reserved.</p>
  </div>
</div>
<script>
$(document).ready(function(){
  $('.button').on('click', function() {
    $('input[name="lastname"]').val('やまだ');
    $('input[name="firstname"]').val('たろう');
  });
});
</script>
</body>
```

■実行結果

4.31 プロパティを取得・設定する

▶書式

```
.prop( プロパティ名 );
.prop( プロパティ名 , 値 );
.prop( オブジェクト );
.prop( function() { 処理... });
```

例

```
var checked = $('input[type=checkbox]').prop('checked');
$('#agreement').prop('checked', true);

obj = new Object();
obj.disabled = false;
obj.checked = true;
$('input').prop(obj);

$('form input:text').prop('name', function() {
  return $(this).prop('id');
});
```


➡解説

条件にマッチしたDOM要素について、指定したプロパティの値を返します。

ただし、複数のプロパティがマッチした場合は、そのうちの「最初の」プロパティだけが対象になります。マッチするすべての要素を対象にしたい場合は、.each()メソッドによるループを使います。

jQuery 1.6以前では、プロパティとアトリビュートの扱いが明確に区別されておらず混乱を招くことがありましたが、1.6以降は明確に区別されるようになりました。

しかし、.attr()の挙動が変化したことでjQueryを利用している既存のコードが予期しない動作になる事例が多々発生してしまい、jQuery 1.6.1では過渡的な対応として.attr()でも従来どおりプロパティが扱えるようにする修正が行われました。

Attribute とProperty　Column

.attr()と.prop()、つまりAttribute（アトリビュート）とProperty（プロパティ）は区別が難しい概念ですが、Attributeが「HTMLに記述された値、すなわち初期値」であるのに対して、PropertyはHTMLをDOMとして解釈した「個々のノードが持つ値」だと考えられます。例えば、

```
利用規約<input type="checkbox" class="form-input" name="agree" value="yes" checked="checked">同意する<br>
```

という要素の「checked」のアトリビュートは、後にJavaScriptから書き換えられてもずっと「"checked"」のままです。AttributeはHTMLに記述されたアトリビュート値なので変化しません。

一方、「checked」プロパティの値は、チェックされているときは「true」、チェックを外したときは「false」と変化します。

どちらを使うのが適切か悩んだら、「HTMLに書かれているものはアトリビュート、そうでないものはプロパティ」と考えるとわかりやすいでしょう。

SAMPLE

(1) プロパティ値を取得する

```
<body>
<div class="main">
  <div class="header">
    <h1>jQueryポケットリファレンス</h1>
  </div>
  <div class="content">
    <form>
      利用規約<br>
      <input type="checkbox" class="form-input" name="agree" value="yes" checked="checked">同意する<br>
      <button class="button" type="button" name="submit">プロパティ値を確認</button>
    </form>
  </div>
  <div class="footer">
    <hr>
    <p class="copyright">2019 xxxx all rights reserved.</p>
```

```
  </div>
</div>
<script>
$(document).ready(function(){
  $('.button').on('click', function() {
    alert($('input[name="agree"]').prop('checked'));
  });
});
</script>
</body>
```


■実行結果

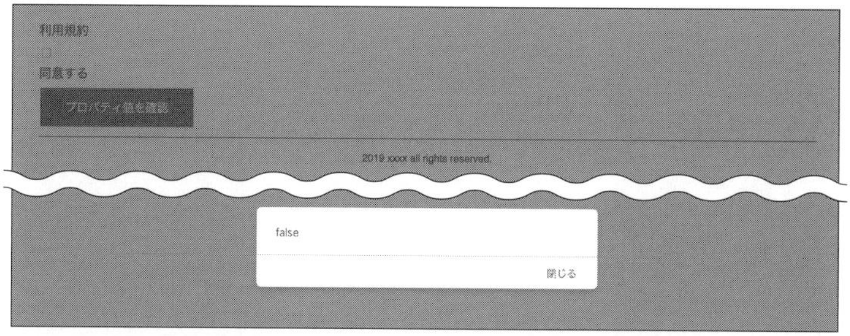

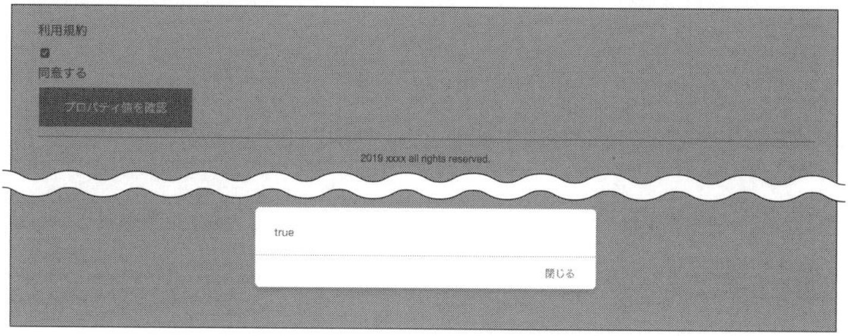

(2) プロパティ値を設定する

```
<body>
<div class="main">
  <div class="header">
    <h1>jQueryポケットリファレンス</h1>
  </div>
  <div class="content">
    <form>
```

```
      利用規約<br>
      <input type="checkbox" class="form-input" name="agree" value="yes" checked="checked">同意する<br>
      <button class="button" type="button" name="submit">プロパティ値を変える</button>
    </form>
  </div>
  <div class="footer">
    <hr>
    <p class="copyright">2019 xxxx all rights reserved.</p>
  </div>
</div>
<script>
$(document).ready(function(){
  $('.button').on('click', function() {
    if ($('input[name="agree"]').prop('checked') == true) {
      $('input[name="agree"]').prop('checked', false);
    } else {
      $('input[name="agree"]').prop('checked', true);
    }
  });
});
</script>
</body>
```

4.32 プロパティを削除する

▶書式

```
.removeProp( プロパティ名 );
```

例

```
$('input').removeProp('someprop');
```

➡解説

条件にマッチしたDOM要素について、.prop()で設定したプロパティを削除します。

checked, disabled, selectedのような、要素がもともと持っているプロパティは.removeProp()で削除すべきではありません。いったん削除してしまうと、後から.prop()メソッドで追加することもできなくなります。これらのプロパティを扱うときは.prop()メソッドでfalse値を設定しましょう。.removeProp()は、.prop()で追加した独自プロパティに対してだけ行うようにしてください。

SAMPLE

mypropプロパティがあれば削除、なければ追加する

```
<body>
<div class="main">
  <div class="header">
    <h1>jQueryポケットリファレンス</h1>
  </div>
  <div class="content">
    <form>
      利用規約<br>
      <input type="checkbox" class="form-input" name="agree" value=↲
"yes" checked="checked">同意する<br>
      <button class="button" type="button" name="submit">プロパティ値↲
を追加・削除する</button>
    </form>
  </div>
  <div class="footer">
    <hr>
    <p class="copyright">2019 xxxx all rights reserved.</p>
  </div>
</div>
<script>
$(document).ready(function(){
  $('.button').on('click', function() {
  if ($('input').prop('myprop')) {
    $('input').removeProp('myprop');
  } else {
    $('input').prop('myprop', true);
  }
    alert($('input').prop('myprop'));
  });
});
</script>
</body>
```

5 セレクタ

OVERVIEW

セレクタとは

jQueryでは、DOM要素を選択する際に、抽出・検索条件の指定を自在に記述できるよう、多彩な「セレクタ」が用意されています。セレクタでは、要素の属性値、CSSスタイル指定、inputやselectなどのフォーム要素のプロパティ、DOM要素の親子・兄弟関係など、ドキュメントに内包されるおよそすべての情報がフィルタとして使用できます。複数の要素をひとまとめに扱ったり、逆にドキュメント全体から1つの要素を絞り込んだり、適切なセレクタの選択は、jQueryを使ったプログラミングでは特に重要なポイントだと言えるでしょう。

なお、セレクタによる抽出条件に、いわゆる「メタ文字」が含まれる場合には注意が必要です。メタ文字とは、次の各記号を指します。

```
#;&,.+*~':"!^$[]()=>|/
```

これらの文字は、セレクタを記述するための文法上、何らかの役割を担う文字として使用されています。例えば「#」はスタイルのID、「.」はクラス指定を表すために使われます。これらの記号を、本来の何も役割を持たない「ただの文字」として扱いたい場合は、次の例のようにバックスラッシュ2つ「\\」でエスケープします。

```
$('input[name="occup\\[\\]"]')
```

上記ではメタ文字に含まれる「[」と「]」をただの文字として扱うため、バックスラッシュ2つをそれぞれの記号の前に記述しています。

5.1 全選択

▶ 書式

```
$('*')
```

➡解説

DOMのすべての要素を選択します。全要素を調べるため、処理に時間がかかる場合がありますので注意してください。

SAMPLE

すべての要素を選択

```
<body>
  <button>クリック</button>
  <div>
    div
    <p>p</p>
  </div>
  <p>p</p>
  <span>span</span>
</body>
<script>
  $('button').on('click', function(){
    $('*').css('border', '1px solid red');
  });
</script>
```


■実行結果

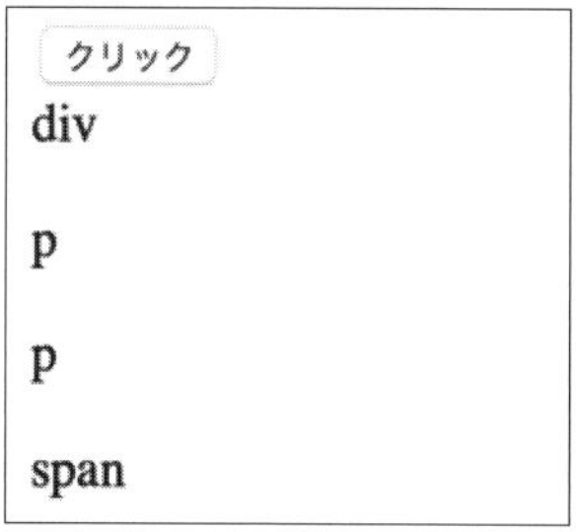

サンプルでは、クリックボタンをクリックすると、セレクタで選択したbody含むすべての要素に赤い線（border: 1px solid red）が付与されます。

5.2 id

▶ 書式

```
$('#id名')
```

例

```
$('#content')
```

➡ 解説

「#」はid属性を指定するセレクタです。

id属性は、ドキュメント内で必ず一意になるように定義されていなければなりません。つまり、このセレクタでは、選択される要素は必ず1つです。複数の要素に同じid名を付けることはできません。

SAMPLE

id属性による選択

```
<style>
  p {
    width: 150px;
  }
</style>
</head>
<body>
  <button>クリック</button>
  <p>1</p>
  <p id="select">2</p>
  <p>3</p>
</body>
<script>
  $('button').on('click', function(){
    $('#select').css('border', '1px solid red');
  });
</script>
```

■実行結果

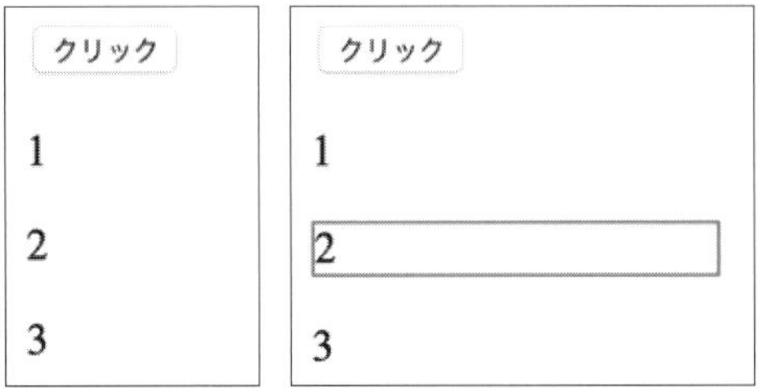

サンプルでは、id属性に「select」と設定したp要素だけ、クリックボタンをクリックすると赤い線の枠で囲われるよう記述しています。

5.3 クラス

▶ 書式

```
$('.クラス名 ')
```

例

```
$('.header')
```

➡ 解説

「.」で始まるセレクタは、class属性で要素を抽出します。id属性では1つのid名を複数の要素に付与できませんが、class属性ではそれが可能となり、1つのクラス名を複数の要素にあてられます。

SAMPLE

クラスによる選択

```
<style>
  p {
    margin: 20px;
  }
</style>
</head>
<body>
  <button>クリック</button>
  <p class="red">1</p>
```

```
  <p>2</p>
  <p class="red">3</p>
  <p>4</p>
  <p class="red">5</p>
</body>
<script>
  $('button').on('click', function(){
    $('.red').css('color', 'red');
  });
</script>
```

サンプルではredクラスが付与された要素のみ、文字色を赤にするよう記述しています。

■実行結果

5.4 要素

▶書式

```
$(' 要素名 ')
```

例

```
$('div')
$('p')
$('body')
```

➡解 説

HTMLタグから＜＞を除いたものが、要素セレクタです。ドキュメントの中で該当するタグで記述されたすべての要素にマッチします。

SAMPLE

要素セレクタ

```
<style>
  span {
    margin: 10px;
  }
  p {
    margin: 10px;
  }
</style>
</head>
<body>
  <p>1.<span>span1</span></p>
  <p>2.<span>span2</span></p>
  <p>3.<span>span3</span></p>
</body>
<script>
  $('span').css('color', 'red');
</script>
```

■実行結果

1. span1
2. span2
3. span3

サンプルではセレクタにspanタグを設定し、文字色を変更しています。

5.5 複数のセレクタをまとめて使う

▶書式

$(' セレクタ1, セレクタ2, セレクタ3, … ')

例

```
$('div, p, .myClass, #myId')
```

➡解説

指定したセレクタそれぞれにマッチした要素の集合が、1つのjQueryオブジェクトとして返されます。ただし、要素の順序は特に決まっていませんので、ドキュメント内の出現順や指定したセレクタの順に返されることを期待して処理を書かないように注意しましょう。

SAMPLE

複数のセレクタ

```
<style>
  div, span, p {
    width: 126px;
    height: 60px;
    float: left;
    padding: 3px;
    margin: 2px;
    background-color: #eee;
    font-size: 14px;
  }
</style>
</head>
<body>
  <div>div</div>
  <p class="myClass">p class="myClass"</p>
  <p class="notMyClass">p class="notMyClass"</p>
  <span>span</span>
</body>
<script>
  $('div, span, p.myClass').css('border', '3px solid red');
</script>
```

■実行結果

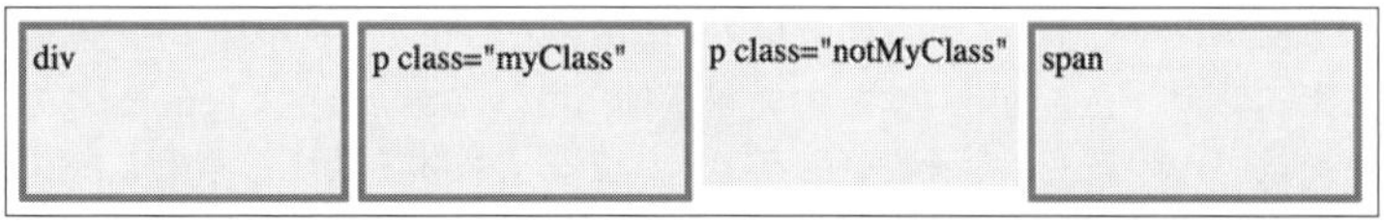

5.6 インデックスによるセレクタ

▶書式

```
$(':eq( インデックス )')
$(':lt( インデックス )')
$(':gt( インデックス )')
$(':even')
$(':odd')
$(':first')
$(':last')
$(':not( セレクタ )')
$(':root')
$(":lang( セレクタ )")
```

例

```
$('td:eq(2)')
$('td:lt(4)')
$('td:gt(1)')
$('td:even')
$('td:odd')
$(':first')
$(':last')
$('td:not(:eq(3))')
$(':root')
$(":lang(en)")
```

➡解説

要素には、出現順に0から始まる番号が「インデックス」として割り振られます。

:eq, :lt, :gt, :odd, :evenは、インデックスの値に応じて抽出条件を指定するセレクタです。これらのセレクタでは、元になる選択条件に加え、与えたインデックス番号によって結果が抽出されます。:eqは「equel」つまりイコールの意で、与えたインデックス値に合致する要素を選択します。インデックス値は0から始まります。例えば$('td:eq(2)')の場合、0・1・2と数えられるので3番目のtd要素がマッチします。:ltは「lower than」、:gtは「greater than」で、「より小さい」「より大きい」を表します。

$('td:lt(4)')なら0〜3の4番目の要素まで、$('td:gt(1)')なら0〜1より上の2以上のインデックス値のtd要素がマッチします。:evenと:oddはインデックス値の指定が不要で、それぞれインデックス値が偶数の要素と奇数の要素に合致します。インデックス値が0から始まるので、最初の要素は:evenで偶数番目の要素となり、奇数番目の要素は:oddがマッチします。:firstと:lastは、最初の要素、最後の要素にマッチします。:firstは、実質的に:eq(0)と同じです。:notは否定のセレクタで、与えたセレクタに合致しない要素がマッチします。例えば、$('td:not(:eq(3))')であれば、インデックス値が3以外のtd要素すべてがマッチします。

:rootは最上位の要素、つまり、HTMLドキュメント全体であれば、html要素を取得します。:lang()は引数で指定したlang要素を取得するものであり、言語コードと国コードがありますが言語コードだけで指定することもできます。例えば、enと指定した場合はen-usやen-gbが選択されます。

SAMPLE

インデックスによるセレクタ

```
<style>
  td { border: 1px solid #333333; }
</style>
</head>
<body>
  <form>
    <input type="button" id="eq" value="eq(2)">
    <input type="button" id="lt" value="lt(4)">
    <input type="button" id="gt" value="gt(3)">
    <input type="button" id="even" value="even">
    <input type="button" id="odd" value="odd">
    <input type="button" id="first" value="first">
```

```
    <input type="button" id="last" value="last">
    <input type="button" id="not" value="not">
    <input type="button" id="root" value="root">
    <input type="button" id="lang" value="lang">
    <input type="button" id="clear" value="clear">
  </form>
  <table>
    <tr>
      <td>0</td>
      <td>1</td>
      <td>2</td>
      <td>3</td>
      <td>4</td>
      <td>5</td>
      <td>6</td>
      <td>7</td>
      <td>8</td>
      <td>9</td>
      <td lang="en-us">10</td>
    </tr>
  </table>
</body>
<script>
  $(document).ready(function() {
    $('#eq').on('click', function() {
      $('td:eq(2)').css('background-color', 'red');
    });
    $('#lt').on('click', function() {
      $('td:lt(4)').css('background-color', 'red');
    });
    $('#gt').on('click', function() {
      $('td:gt(3)').css('background-color', 'red');
    });
    $('#even').on('click', function() {
      $('td:even').css('background-color', 'red');
    });
    $('#odd').on('click', function() {
      $('td:odd').css('background-color', 'red');
    });
    $('#first').on('click', function() {
      $('td:first').css('background-color', 'red');
```

```
    });
    $('#last').on('click', function() {
      $('td:last').css('background-color', 'red');
    });
    $('#not').on('click', function() {
      $('td:not(:eq(5))').css('background-color', 'red');
    });
    $('#root').on('click', function() {
      $(':root').css('background-color', 'red');
    });
    $('#lang').on('click', function() {
      $(':lang(en-us)').css('background-color', 'red');
    });
    $('#clear').on('click', function() {
      $('td, html').css('background-color', 'white');
    });
  });
</script>
```

■実行結果

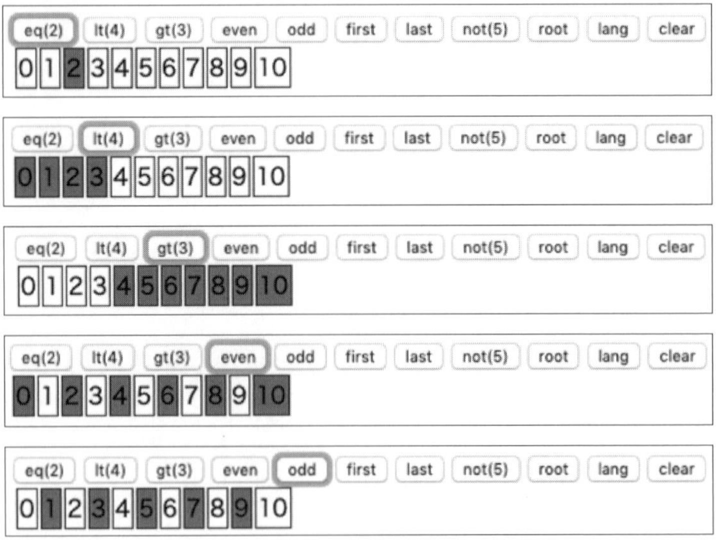

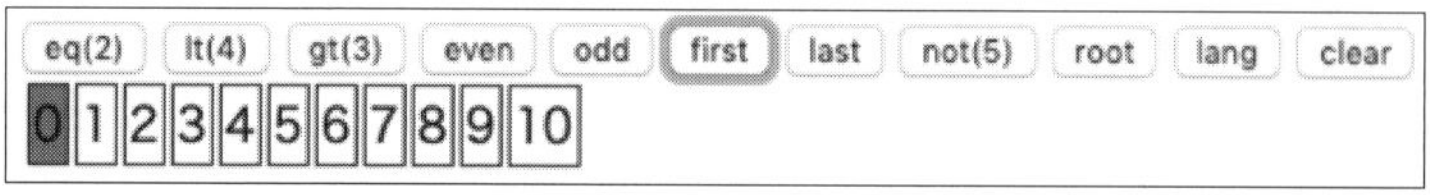

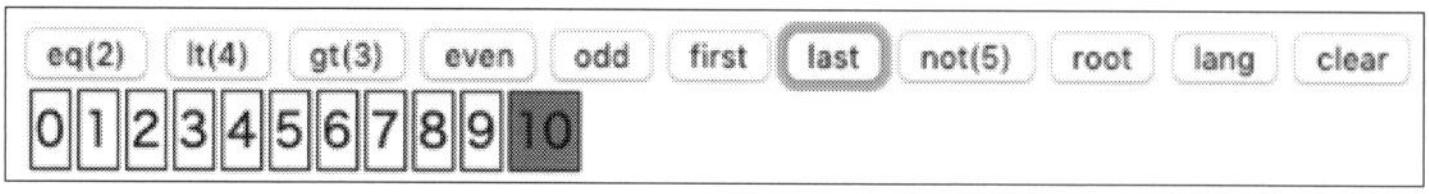

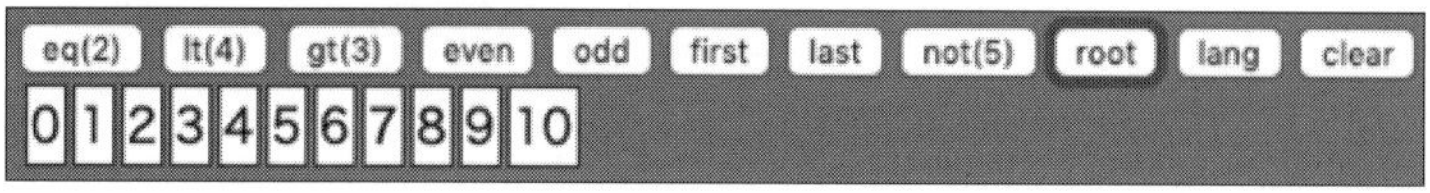

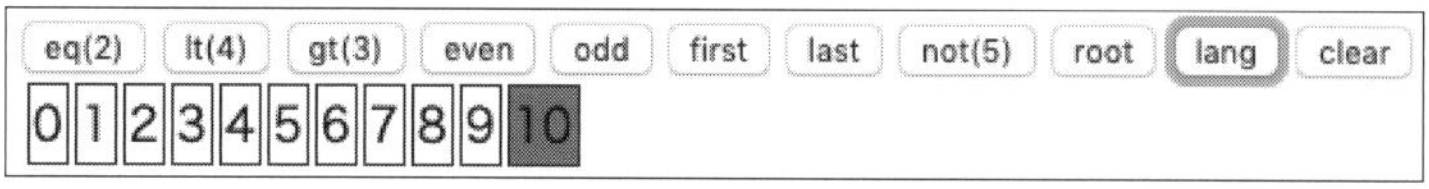

サンプルではHTMLで記述した10個のtd要素すべてにidを付与し、jQueryで10個のボタンそれぞれをクリックした際のアクションを記述しています。[clear] ボタンは最初の状態（tdに色が付いていない状態）へリセットします。

5.7 コンテンツの内容によるセレクタ

▶ 書式

```
$(':contains( テキスト )')
$(':empty')
$(':has( セレクタ )')
$(':parent')
```

例

```
$(':contains("hello")')
$('div:empty')
$('div:has("p")')
$('p:parent')
```

➡解説

contains(), empty, has(), parentは、要素に含まれる内容によって、マッチする要素を抽出します。:contains()は、与えた引数の文字列を含む要素だけがマッチします。:has()は、与えたセレクタにマッチする要素を子ノードとして持つ要素だけがマッチします。:emptyと:parentは正反対の意味になります。:emptyは、子ノードを持たない空の要素だけがマッチします。:parentは子ノードを持つ要素だけがマッチします。子ノードにはテキストノードも含まれるので、要素の中身が単純な文字列だけでも、:emptyはマッチせず:parentはマッチします。なお、<input>, <img>, <br>, <hr>といったいくつかの要素は、もともと子要素を持ち得ないので、必ず:emptyがマッチします。

SAMPLE

コンテンツの内容によるセレクタ

```
<style>
  div { border: 3px solid #ff0000; height: 50px; width: 300px; }
</style>
</head>
<body>
  <form>
    <input type="button" id="contains" value="contains(orange)">
    <input type="button" id="has" value="has(p)">
    <input type="button" id="empty" value="empty">
    <input type="button" id="parent" value="parent">
    <input type="button" id="clear" value="clear">
  </form>
  <div></div>
  <div><p>orange juice</p></div>
  <div></div>
  <div>Florida orange</div>
  <div></div>
</body>
<script>
  $(document).ready(function() {
    $('#contains').on('click', function() {
      $('div:contains("orange")').css('background-color', 'orange');
    });
    $('#has').on('click', function() {
```

```
      $('div:has("p")').css('background-color', 'red');
    });
    $('#empty').on('click', function() {
      $('div:empty').css('background-color', 'red');
    });
    $('#parent').on('click', function() {
      $('div:parent').css('background-color', 'red');
    });
    $('#clear').on('click', function() {
      $('div').css('background-color', 'white');
    });
  });
</script>
```


■実行結果

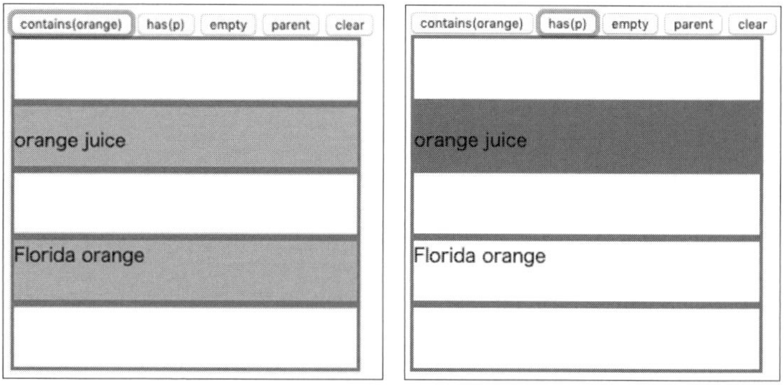

サンプルでは、ボタンをクリックすると記載されているセレクタにマッチする要素を抽出して、CSSを変更します。例えば、[contains(orange)] ボタンは引数に文字列「orange」を指定しているため、div要素内に「orange」の文字列が含まれるdiv要素だけを抽出し、背景色をオレンジに変更しています。[has] ボタンは引数へp要素を与えているため、p要素を子ノードとして持つdiv要素を抽出していることがわかります。[clear] ボタンは最初の状態（tdに色がついていない状態）へリセットします。

5.8 子ノードのセレクタ

▶ 書式

```
$(':first-child')
$(':last-child')
$(':first-of-type')
$(':last-of-type')
$(':nth-child( 1から始まるインデックス )')
$(':nth-last-child( 1から始まるインデックス ))')
$(':nth-of-type( 1から始まるインデックス ))')
$(':nth-last-of-type( 1から始まるインデックス ))')
$(':only-child')
$(':only-of-type')
```

例

```
$('div p:first-child')
$('div p:last-child')
$('div p:first-of-type')
$('div p:last-of-type')
$('div p:nth-child(2)')
$('div p:nth-last-child(3))')
$('div p:nth-of-type(3))')
$('div p:nth-last-of-type(1))')
$('div p:only-child')
$('div p:only-of-type')
```

➡解説

これらは､「子ノード」に着目して抽出条件とするセレクタです。:first-childと:last-childは、それぞれ:firstと:lastに似ていますが、:firstおよび:lastが選択された要素そのものにマッチするのに対し、選択された要素の子ノードを対象にする点が異なります。また、:firstが必ず1つの要素だけにマッチするのに対し、:first-childは元となるセレクタにマッチする要素が複数あり、それぞれに子ノードを持っていれば、その数だけマッチします。

:first-of-typeと:last-of-typeはセレクタで指定された最初の子要素を選択します。親要素の下に2つ以上の子要素がある場合、:first-childと:last-childが先頭の子要素の中からそれぞれ最初と最後の要素を取得するのに対し、:first-of-typeと:last-of-typeは指定した子要素が先頭の子要素でなくても取得可能です。

:nth-childは頭から数えて「n番目の子ノード」、:nth-last-childは後ろから「n番目の子ノード」を選択するものになります。:first-childおよび:last-childでは最初と最後の子ノードしか選択できませんので、その間を埋める役目を担います。なお、:nth-child()に渡すインデックス値は、:eq()や:lt()などと異なり1から始まる値になることに注意してください。:nth-child()のインデックス値に0を指定しても結果は返ってきません。つまり、:nth-child(1)は、:first-childと同義です。

:nth-of-typeおよび:nth-last-of-typeも、:nth-childおよび:nth-last-childと同じように「n番目の子ノード」を取得するものですが、これらと異なるのはセレクタと引数で指定された要素だけを数えて選択する点です。例えば、3つ並んでいるp要素の間にh要素が入っていたとします。n番目のp要素を取得する場合、:nth-childまたは:nth-last-childを使って選択するとh要素も含めたn番目が選択されます。このとき、もしn番目にあたるものがh要素だった場合、p要素もh要素も取得されません。しかし:nth-of-typeまたは:nth-last-of-typeを使用するとp要素だけからn番目が選択されます。

:only-childは、一人っ子の子セレクタです。親要素に対して1つしかない子ノードだけが選択されます。:only-of-typeは親要素内に別の要素があっても、セレクタで指定した要素が1つであれば選択されます。

SAMPLE

子ノードのセレクタ

```
<style>
  div { border: 2px solid #777; width: 350px; }
  p, h4 { border: 1px solid #009900; }
</style>
</head>
<body>
  <form>
    <input type="button" id="first-child" value="first-child">
    <input type="button" id="last-child" value="last-child">
    <input type="button" id="first-of-type" value="first-of-type">
```

```
    <input type="button" id="last-of-type" value="last-of-type">
    <input type="button" id="nth-child" value="nth-child(2)">
    <br>
    <input type="button" id="nth-last-child" value="nth-last-child(2)">
    <input type="button" id="nth-of-type" value="nth-of-type(2)">
    <input type="button" id="nth-last-of-type" value="nth-last-of-type(2)">
    <input type="button" id="only-child" value="only-child">
    <input type="button" id="only-of-type" value="only-of-type">
    <br>
    <input type="button" id="clear" value="clear">
  </form>
  <div></div>
  <div>
    <p>child</p>
    <p>child</p>
    <p>child</p>
  </div>
  <div>
    <p>child</p>
  </div>
  <div>
    <h4>h4</h4>
    <p>child</p>
  </div>
  <div>
    <p>child</p>
    <h4>h4</h4>
    <h4>h4</h4>
    <p>child</p>
    <h4>h4</h4>
  </div>
  <div>
    <p>child</p>
    <p>child</p>
    <p>child</p>
    <p>child</p>
  </div>
</body>
<script>
  $(document).ready(function() {
```

```
    $('#first-child').on('click', function() {
      $('div p:first-child').css('background-color', 'red');
    });
    $('#last-child').on('click', function() {
      $('div p:last-child').css('background-color', 'red');
    });
    $('#first-of-type').on('click', function() {
      $('div p:first-of-type').css('background-color', 'red');
    });
    $('#last-of-type').on('click', function() {
      $('div p:last-of-type').css('background-color', 'red');
    });
    $('#nth-child').on('click', function() {
      $('div p:nth-child(2)').css('background-color', 'red');
    });
    $('#nth-last-child').on('click', function() {
      $('div p:nth-last-child(2)').css('background-color', 'red');
    });
    $('#nth-of-type').on('click', function() {
      $('div p:nth-of-type(2)').css('background-color', 'red');
    });
    $('#nth-last-of-type').on('click', function() {
      $('div p:nth-last-of-type(2)').css('background-color', 'red');
    });
    $('#only-child').on('click', function() {
      $('p:only-child').css('background-color', 'red');
    });
    $('#only-of-type').on('click', function() {
      $('p:only-of-type').css('background-color', 'red');
    });
    $('#clear').on('click', function() {
      $('div p,h4').css('background-color', 'white');
    });
  });
</script>
```

■実行結果

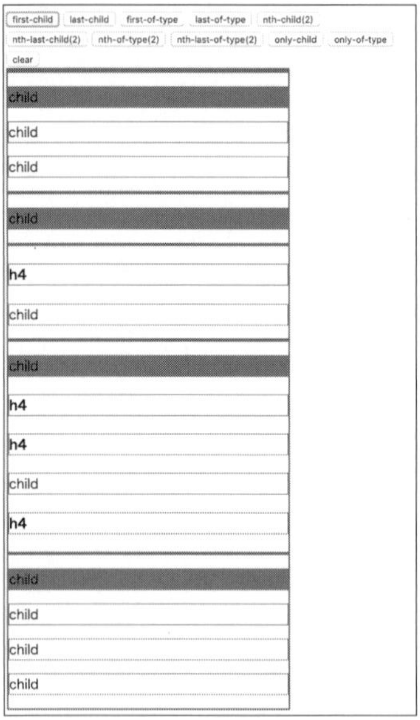
first-child
last-child
first-of-type
last-of-type
nth-child(2)
nth-last-child(2)
nth-of-type(2)
nth-last-of-type(2)
only-child
only-of-type
clear
child
child
child
child
h4
child
child
h4
h4
child
h4
child
child
child
child

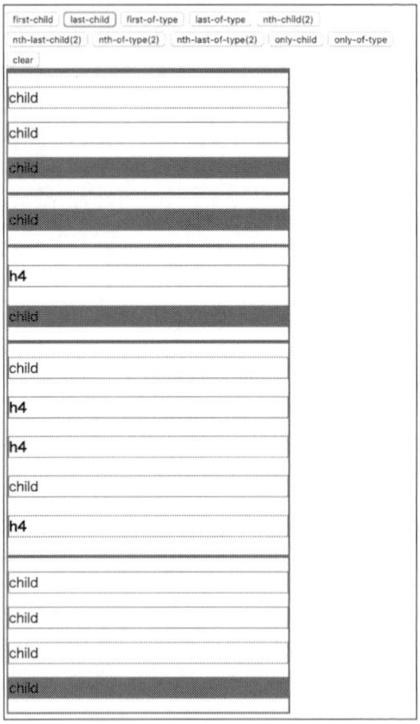
first-child
last-child
first-of-type
last-of-type
nth-child(2)
nth-last-child(2)
nth-of-type(2)
nth-last-of-type(2)
only-child
only-of-type
clear
child
child
child
child
h4
child
child
h4
h4
child
h4
child
child
child
child

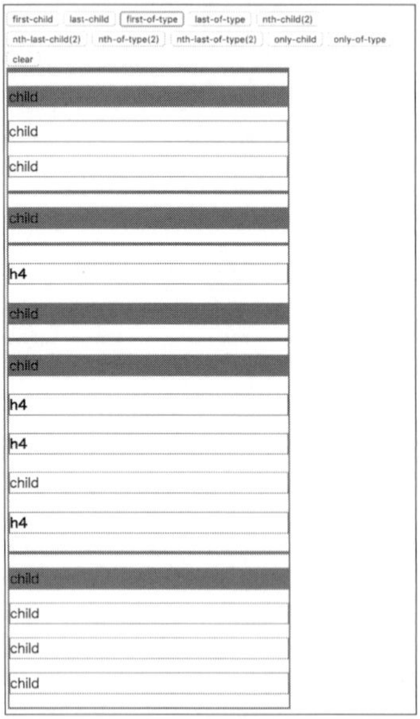
first-child
last-child
first-of-type
last-of-type
nth-child(2)
nth-last-child(2)
nth-of-type(2)
nth-last-of-type(2)
only-child
only-of-type
clear
child
child
child
child
h4
child
child
h4
h4
child
h4
child
child
child
child

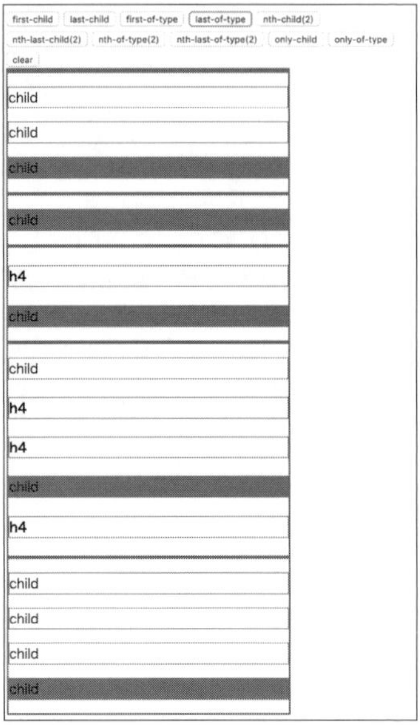
first-child
last-child
first-of-type
last-of-type
nth-child(2)
nth-last-child(2)
nth-of-type(2)
nth-last-of-type(2)
only-child
only-of-type
clear
child
child
child
child
h4
child
child
h4
h4
child
h4
child
child
child
child

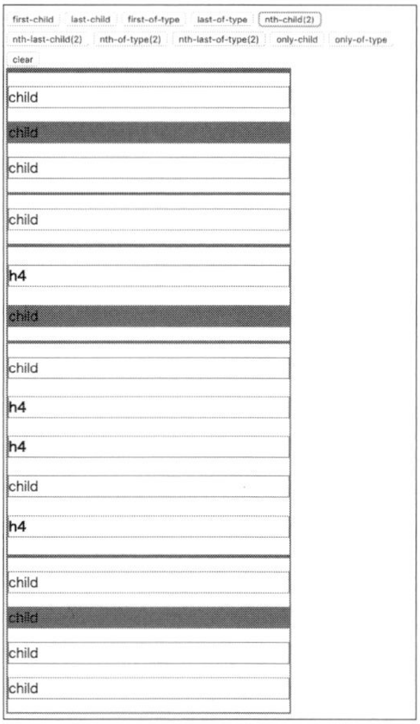
first-child
last-child
first-of-type
last-of-type
nth-child(2)
nth-last-child(2)
nth-of-type(2)
nth-last-of-type(2)
only-child
only-of-type
clear
child
child
child
child
h4
child
child
h4
h4
child
h4
child
child
child
child

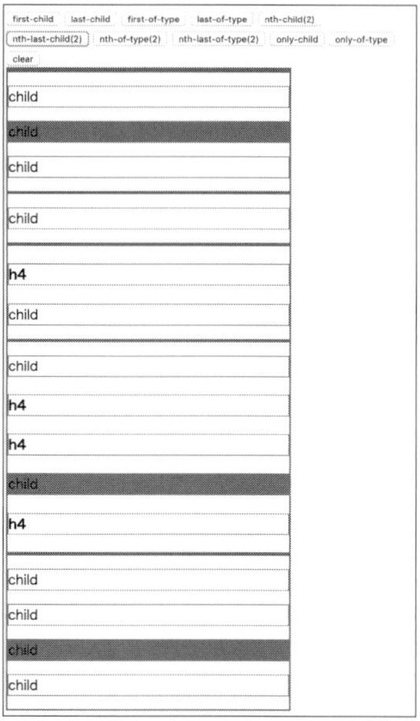
first-child
last-child
first-of-type
last-of-type
nth-child(2)
nth-last-child(2)
nth-of-type(2)
nth-last-of-type(2)
only-child
only-of-type
clear
child
child
child
child
h4
child
child
h4
h4
child
h4
child
child
child
child

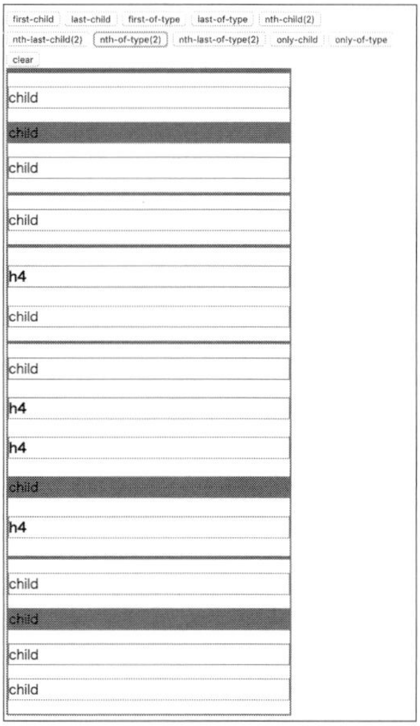
first-child
last-child
first-of-type
last-of-type
nth-child(2)
nth-last-child(2)
nth-of-type(2)
nth-last-of-type(2)
only-child
only-of-type
clear
child
child
child
child
h4
child
child
h4
h4
child
h4
child
child
child
child

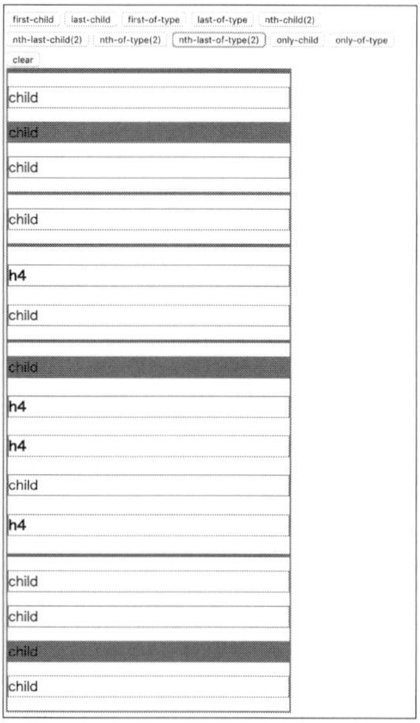
first-child
last-child
first-of-type
last-of-type
nth-child(2)
nth-last-child(2)
nth-of-type(2)
nth-last-of-type(2)
only-child
only-of-type
clear
child
child
child
child
h4
child
child
h4
h4
child
h4
child
child
child
child

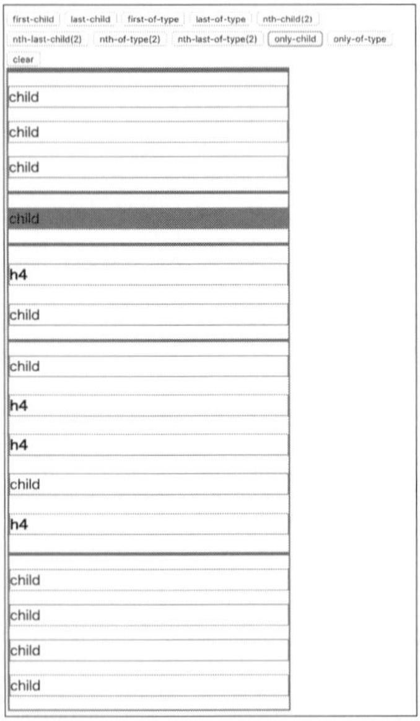

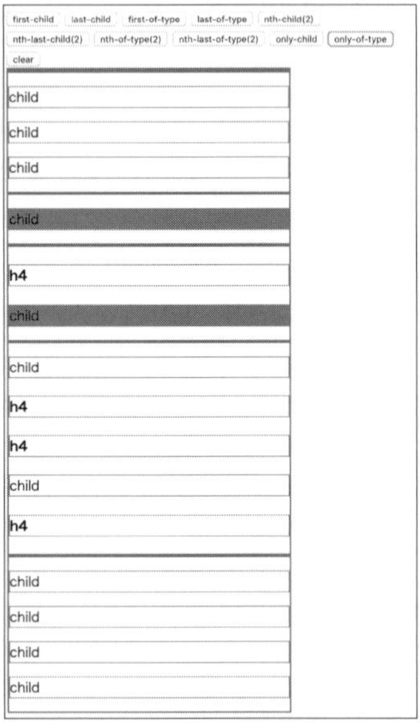

サンプルでは、ボタンをクリックすると記載されているセレクタにマッチする要素を抽出して、CSSを変更します。

[first-child] ボタンをクリックした場合、3段目のp要素「child」は先頭の要素ではないため、要素として取得されず変化はありません。しかし、`first-of-type`は先頭の要素がh要素であっても、p要素の中の最初の要素を取得してくれるため背景色が赤色へ変わります。

[last-child] ボタンを押しても、4段目は最後の要素がh要素になっているためp要素が取得されず変化はありません。しかし、[last-of-type] ボタンでは先頭の要素がh要素であっても、p要素の中の最後の要素を取得してくれるため背景色が赤色へ変わります。

[nth-child] ボタンは引数に2を指定しているため、2番目のp要素を取得しに行きます。3段目のp要素は子要素の中で1つしか存在しませんが、先頭にh要素が1つあるため2番目のp要素ということになり、背景色が赤色へ変わります。4段目のp要素は子要素の中で1番目と4番目にあるということになり、2番目のp要素と指定しても何も取得されません。

また、`nth-last-child`は引数を後ろから数える以外は`nth-child`と同様のため、複数の子要素が存在している場合、セレクタと引数を指定してもすべての子要素を混同した順番で取得します。

2つ以上の子要素が存在していても混同せず指定した要素だけを数えたい場合は`nth-of-type`や`nth-last-of-type`で指定します。[nth-of-type] ボタンをクリックした場合、p要素だけの順番を数えるのでp要素の中で2番目に存在する要素を選択してくれます。このとき、[nth-child] ボタンでは変化がなかった4段目にある2番目のp要素を取得します。

[only-child] ボタンは親要素に対して1つしかない子要素を選択するので、ここでは2段目のp要素が取得されます。3段目のp要素も子要素の中では1つしかありませんが、親要素に対してh要素とp要素が存在しているため`only-child`では取得されません。この場合、`only-of-type`を使用すると他の子要素があってもセレクタで指定した要素が1つしか存在しなければその要素を取得します。したがって [only-of-type] ボタンをクリックすると2段目と3段目のp要素が取得されます。

[clear] ボタンは最初の状態（p要素、h要素に色が付いてない状態）へリセットします。

5.9 階層のセレクタ

▶書式

```
$(' 親 > 子 ')
$(' 先祖 子孫 ')
$(' 前 + 次 ')
$(' 前 ~ 兄弟 ')
```

例

```
$('ul > li')
$('div p')
$('label + input')
$('#start ~ div')
```


➡解説

これらは、DOMの階層構造を利用して抽出条件とするセレクタです。「>」を使って表現する「`$('親 > 子')`」のセレクタでは、「親」で指定した要素の中にある子要素を選択します。つまり、直接の親子関係が指定した条件に合致する要素だけがマッチします。

「スペース」を使って表現する「`$('先祖 子孫')`」のセレクタは、両者が直接親子関係になくても、階層的に先祖と子孫の関係にあればマッチします。つまり、祖父、曽祖父、孫、曾孫といった、離れた階層関係でもよいということです。先に述べた「>」を使用するセレクタでは親要素の直下にある子要素までしか調べないので、「スペース」を使って先祖と子孫の関係を調べるセレクタと比較すると速い時間で処理が行われます。

「+」を使って表現する「`$('前 + 次')`」は「>」と同様に直接前後関係にある要素がマッチします。この場合、直後の要素なので選択されるものは1つになります。一方、「~（チルダ）」で表現する「`$('前 ~ 兄弟')`」は、~の前に指定された要素以降で、同列の兄弟であり、かつ指定条件に合致する要素がマッチします。なお、+と~において前後になり得るものでなければならないことに注意しましょう。

階層によるセレクタは、複数の要素の相関関係を条件にするため、複雑な階層構造のドキュメントでは狙った動作にならない可能性が高くなります。ドキュメントをシンプルな構造に保つ工夫をし、全体の階層を明確に把握した上で使うようにしましょう。

SAMPLE

階層のセレクタ

```
<style>
  ul { border: 1px solid #777; width: 300px; }
  li, ol {border: 1px solid #777; }
</style>
</head>
<body>
  <form>
    <input type="button" id="gt" value="ul&gt;li">
    <input type="button" id="space" value="ul li">
    <input type="button" id="plus" value="ul li+li">
    <input type="button" id="tilde" value="#start ~ li">
    <input type="button" id="clear" value="clear">
  </form>
  <ul>
    <li>リスト</li>
    <li id="start">リスト</li>
    <li>リスト</li>
    <ol>
      <li>リスト</li>
      <li>リスト</li>
      <li>リスト</li>
    </ol>
    <li>リスト</li>
    <li>リスト</li>
    <li>リスト</li>
  </ul>
</body>
<script>
  $(document).ready(function() {
    $('#gt').on('click', function() {
      $('ul>li').css('background-color', 'red');
    });
    $('#space').on('click', function() {
      $('ul li').css('background-color', 'red');
    });
    $('#plus').on('click', function() {
```

```
      $('ul li+li').css('background-color', 'red');
    });
    $('#tilde').on('click', function() {
      $('#start ~ li').css('background-color', 'red');
    });
    $('#clear').on('click', function() {
      $('ul li').css('background-color', 'white');
    });
  });
</script>
```


■実行結果

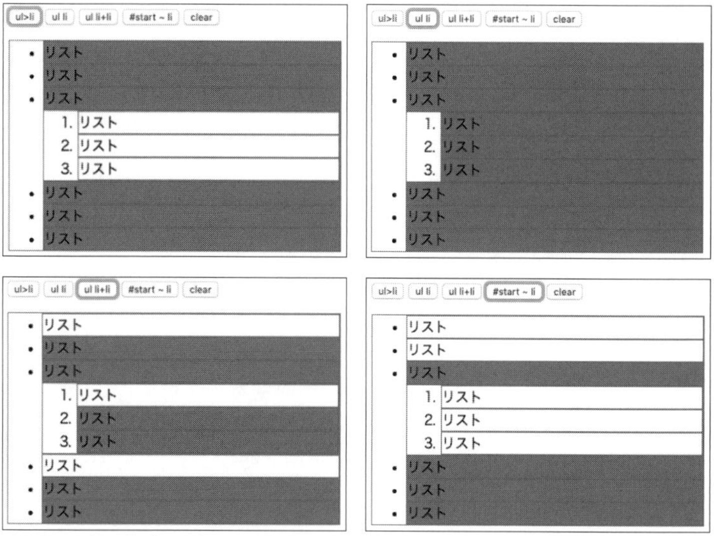

サンプルの［ul>li］ボタンをクリックすると、ulタグの子要素となっているliタグだけがマッチし背景色が適用されます。間にある番号が振られているリストはolタグの子要素であるためulに対して親子関係ではありません。［ul li］ボタンは先祖要素に含まれる子孫要素を選択するので、ulタグの下にあるliタグはすべて選択されます。

［ul li+li］ボタンは前要素の直後にある要素を選択します。CSSセレクタにおけるスペースは子孫セレクタになるため、［ul li］ではulタグの下にあるliタグを子孫関係まで抽出します。したがって、HTMLで記述したolタグの中のliタグにも背景色が適用されます。［#start ~ li］ボタンは前要素の後ろにある要素を選択するため、id「start」が付与されたliタグよりも下にあるliタグに背景色が適用されます。また「~（チルダ）」は同じ階層にある要素を選択するため、この場合olタグ内のliはマッチしません。

5.10 可視条件のセレクタ

▶書式

```
$(':hidden')
$(':visible')
```

例

```
$('div:hidden')
$('div:visible')
```

➡解説

これらは、要素の表示状態を利用して抽出条件とするセレクタです。:hiddenはページ上で隠された要素にマッチします。隠されたと判断される条件は、次のようにいくつかあります。

1. display:noneが指定されている要素
2. input type="hidden"のフォーム要素
3. widthやheightが0に設定されている要素
4. 親要素、より上階層の要素が隠されているため表示されていない要素

ただし、スタイル「visibility:hidden」に設定されている要素は、jQuery 1.3.2以降:hiddenセレクタにマッチしないようになりました。CSSの仕様では、要素自体が隠されるdisplay:noneと異なり、visibility:hiddenでは要素自体はレイアウトされ、中身だけが隠されます。jQueryの仕様は、「ドキュメント上に場所をとってレイアウトされているものは、隠されているとみなさない」ということのようです。感覚的に違和感を感じる開発者も多いポイントですが、あらかじめそういうものと理解しておきましょう。

:visibleは、:hiddenにマッチしない要素すべてがマッチします。

SAMPLE

可視条件のセレクタ

```
<style>
  ul { list-style: none; }
```

```
</style>
</head>
<body>
  <ul>
    <li>リスト1</li>
    <li>リスト2</li>
    <li>リスト3（隠されていた要素）</li>
    <li>リスト4</li>
  </ul>
  <button id="show">表示する</button>
  <button id="hide">隠す</button>
</body>
<script>
  $(document).ready(function() {
    $('li:eq(2)').css('display', 'none');
    $('#show').on('click', function() {
      $('li:hidden').css('display', 'block');
    });
    $('#hide').on('click', function() {
      $('li:visible').css('display', 'none');
    });
  });
</script>
```

■ 実行結果

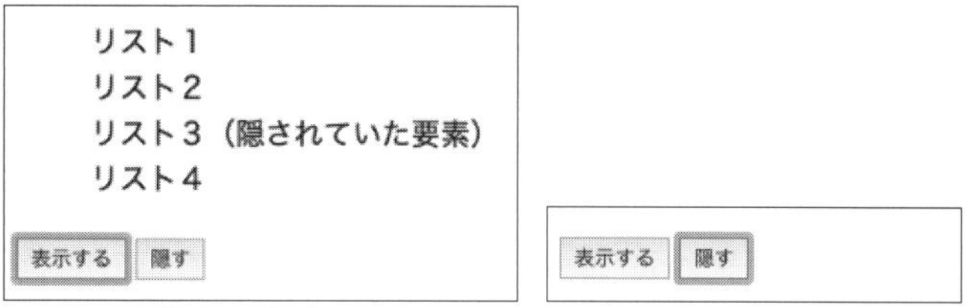

サンプルでは［表示する］ボタンをクリックすることによって隠された「リスト3」を表示させます。［表示する］ボタンではセレクタにリスト内の隠された要素として「li:hidden」を指定しているため「リスト3」が表示されますが、［隠す］ボタンのセレクタ「li:visible」ではhiddenにマッチしないli要素すべてが選択されるためリスト1〜4が隠されます。

5.11 フォームのセレクタ

▶書式

```
$(':checked')
$(':selected')
$(':disabled')
$(':enabled')
$(':focus')
$(':button')
$(':checkbox')
$(':file')
$(':image')
$(':input')
$(':password')
$(':radio')
$(':reset')
$(':submit')
$(':text')
```

例

```
$('input:checked')
$('select option:selected')
$('input:disabled')
$('input:enabled')
$(':focus')
$('input:button')
$('input:checkbox')
$('input:file')
$('input:image')
$(':input')
$('input:password')
$('input:radio')
$('input:reset')
$('input:submit')
$('input:text')
```

➡解説

jQueryでは、フォーム要素に対しても、さまざまなセレクタが用意されています。:inputは、フォーム内のすべてのコントロールにマッチします。input type="text"やinput type="checkbox"といった、タグに「input」を含む要素だけでなく、select、textareaにもマッチすることに注意してください。:text, :checkbox, radio, :password, :file, :image, :button, :submit, :resetは、それぞれ対応するフォームコントロールすべてにマッチします。:checkedはチェックボックスとラジオボタンに有効なセレクタで、チェックされている要素にマッチします。

:selectedはオプションリストに有効なセレクタで、選択されたoption要素にマッチします。multiple="multiple"で複数選択可能なオプションリストでは、選択されていれば複数のoption要素にマッチすることに注意してください。

`:disabled`はdisabled="disabled"で無効状態になっている要素にマッチします。disabled属性がフォームコントロールだけを対象にしているわけではないことに注意しましょう。`$(':disabled')`だけのセレクタは、<p disabled="disabled">などの要素にもマッチしてしまいます。フォーム要素を対象にしたい場合は、`$('input:disabled')`と明示的に記述した方が安全です。

SAMPLE

(1) チェックが入ったものを取得

```
<body>
  チェックボックス：
  <label><input name="checkBox" type="checkbox">A</label>
  <label><input name="checkBox" type="checkbox">B</label>
  <label><input name="checkBox" type="checkbox" checked="checked">C</label>
  <br>
  <br>
  <label><input name="radioButton" type="radio" checked="checked">A</label>
  <label><input name="radioButton" type="radio">B</label>
  <label><input name="radioButton" type="radio">C</label>
  <br>
  <br>
  <button>click</button>
</body>
<script>
  $("button").on('click', function() {
    $(":checked").parent().css("border", "1px solid red");
  });
</script>
```

■実行結果

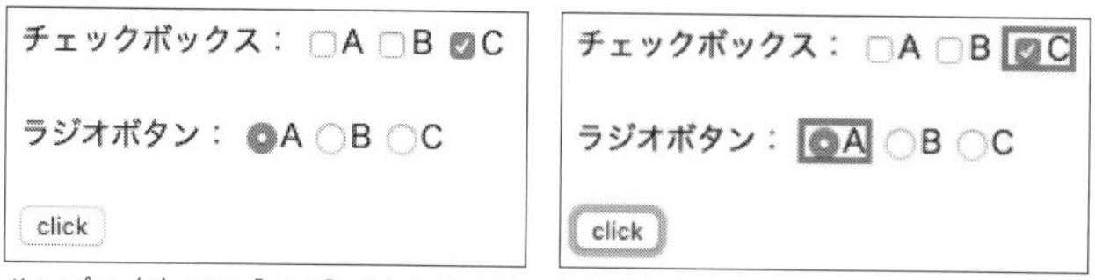

サンプル (1) では [click] ボタンをクリックするとチェックボックス・ラジオボタンでチェックが入ったものを取得し赤枠で囲むよう記述しています。「:checked」はチェックされた要素を取得するものであり、チェックボックスだけでなくラジオボタンのチェックも選択されます。

(2) 選択されている要素を取得

```
<style>
  div { color: red; }
  select { font-size: 13px; }
</style>
</head>
<body>
  <select name="garden" multiple="multiple">
    <option>東京</option>
    <option>埼玉</option>
    <option>群馬</option>
    <option>茨城</option>
    <option>栃木</option>
    <option>千葉</option>
    <option>神奈川</option>
  </select>
  <button>click</button>
  <div></div>
</body>
<script>
  $("button").on('click', function() {
    var str = $(":selected").text();
    $("div").text(str + 'が選択されています');
  });
</script>
```

■ 実行結果

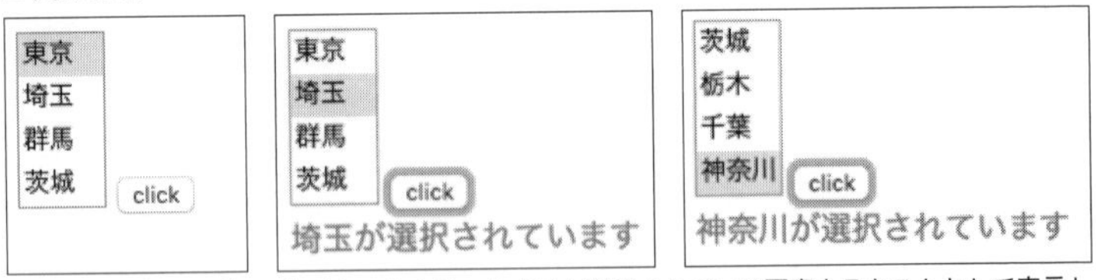

サンプル (2) では [click] ボタンをクリックすると選択されている要素をテキストとして表示します。「:selected」はselect要素で選択されている要素を取得します。対応している要素はoption要素だけのため、チェックボックスやラジオボタンで選択されている要素を取得したい場合はサンプル (1) の「:checked」を使用しましょう。

(3) 無効状態の要素を取得

```
<body>
  <input name="mail" disabled="disabled">
  <input name="id">
  <br>
  <textarea name="text1" rows="4" cols="40" disabled="disabled">テキストエリア</textarea>
  <textarea name="text2" rows="4" cols="40">テキストエリア</textarea>
</body>
<script>
  $(":disabled").css("border", "1px solid red");
</script>
```


■実行結果

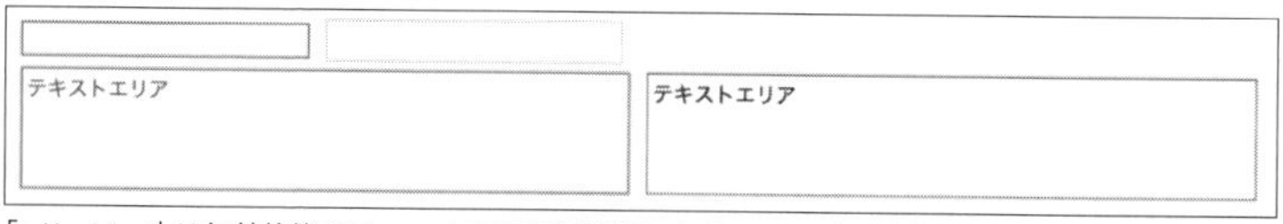

「:disabled」は無効状態のフォームの要素を選択します。サンプル（3）ではdisabledが設定され、無効になっている要素に赤枠を付けています。また、「:enabled」はこれとは反対に有効になっている要素を取得します。

(4) フォーカスされている要素を取得

```
<body>
  <div id="content">
    <input tabIndex="1">
    <input tabIndex="2">
    <select tabIndex="3">
      <option>カレーライス</option>
      <option>オムライス</option>
      <option>ラーメン</option>
      <option>ナポリタン</option>
    </select>
  </div>
</body>
<script>
  $(document).on('click', function(){
    $(":focus").css("background-color", "#c6e3ff");
    $(":not(':focus')").css("background-color", "#FFF");
  });
</script>
```

■実行結果

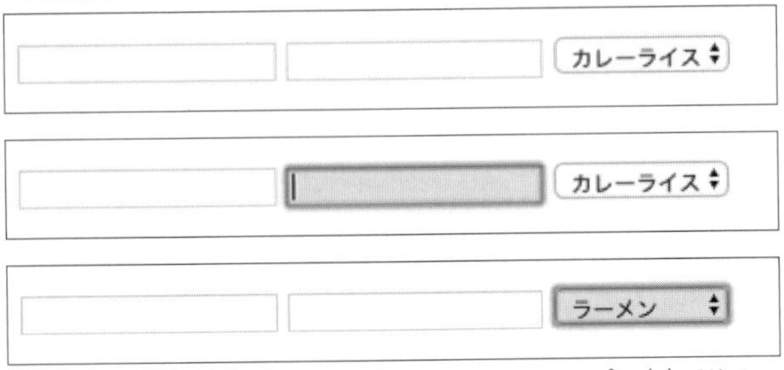

「:focus」はフォーカスされている要素を選択します。サンプル(4)ではフォーカスされているinput要素やoption要素を取得し、その背景色を変更するよう記述しています。また、それ以外のフォーカスされていない要素は、「:focus」の直前に「:not」を挿入し、背景色を元(白色)に戻しています。

5.12 属性のセレクタ

▶書式

```
$('[ 属性名 ]')
$('[ 属性名 = 値 ]')
$('[ 属性名 != 値 ]')

$('[ 属性名 ^= 値 ]')
$('[ 属性名 *= 値 ]')
$('[ 属性名 $= 値 ]')

$('[ 属性名 |= 値 ]')
$('[ 属性名 ~= 値 ]')

$('[ 属性名1 = 値1 ][ 属性名2 = 値2] … ')
```

例

```
$('[name]')
$('[name=value]')
$('[name!=value]')
```

```
$('[name^=value]')
$('[name*=value]')
$('[name$=value]')

$('[name|=value]')
$('[name~=value]')

$('[name1=value1][name2=value2]')
```


➡解説

さまざまな方法で要素の属性値を調べ、マッチする要素を見つけてくれるのが、これらのセレクタ群です。まず、最も単純な属性名だけのセレクタ「$('[属性名]')」は、与えられた属性名の属性を持つ要素すべてがマッチします。例えば、aタグであればhrefやtargetが属性となりマッチします。値がどうであろうと、要素にその属性さえ指定されていれば抽出されます。

「$('[属性名 = 値]')」「$('[属性名 != 値]')」「$('[属性名 ^= 値]')」「$('[属性名 *= 値]')」「$('[属性名 $= 値]')」の各セレクタは、値も判断材料になります。「=」は指定した属性が指定した値であればマッチします。「!=」は指定した属性が指定した値でなければマッチします。

「^=」は前方一致、つまり属性値が与えられた値で始まっていればマッチします。「*=」は部分一致で、属性値が与えられた値を含む場合にマッチします。「$=」は後方一致で、属性値が与えられた値で終わっていればマッチします。

「$('[属性名 |= 値]')」「$('[属性名 ~= 値]')」は、もう少し複雑です。「|=」は、属性値が与えられた値と一致する、もしくは値の先頭が与えられた値と一致し、かつ一致しない部分が「-(ハイフン)」で連結されている場合にマッチします。例えば、[id|=example]は、id="example"およびid="example-1", id="example-test"などにはマッチしますが、id="example1"にはマッチしません。「~=」は、与えた値がスペースで区切られた文字列、つまり単語の形で属性値に含まれていればマッチします。

複合フィルタの「$('[属性名1 = 値1][属性名2 = 値2] … ')」は、複数指定した属性セレクタのすべてに合致する要素だけがマッチします。

SAMPLE

属性のセレクタ

```
<body>
  <form>
    <input type="button" id="include" value="[class]">
    <input type="button" id="eq" value="[id=box3]">
    <input type="button" id="begin" value="[name^=tex]">
    <input type="button" id="part" value="[name*=bo]">
    <input type="button" id="end" value="[id$=2]">
    <input type="button" id="prefix" value="[id|=box]">
    <input type="button" id="tilde" value="[name~=box]">
    <input type="button" id="not" value="[name!=box]">
    <input type="button" id="multi" value="[id=box3][name=textbox]">
    <input type="button" id="clear" value="clear">
  </form>

  <form id="myform">
    <input id="box1" name="text box" class="class1">
    <input id="box2">
    <input id="box3" name="textbox">
    <input id="box4" name="box4" class="box4">
    <input id="box-5">
    <input id="box-6">
    <input id="box7">
  </form>
</body>
<script>
  $(document).ready(function() {
    $('#include').on('click', function() {
      $('#myform input[class]').val('selected');
    });
    $('#eq').on('click', function() {
      $('#myform input[id=box3]').val('selected');
    });
    $('#begin').on('click', function() {
      $('#myform input[name^=tex]').val('selected');
    });
    $('#part').on('click', function() {
      $('#myform input[name*=bo]').val('selected');
    });
    $('#end').on('click', function() {
```

```
      $('#myform input[id$=2]').val('selected');
    });
    $('#prefix').on('click', function() {
      $('#myform input[id|=box]').val('selected');
    });
    $('#tilde').on('click', function() {
      $('#myform input[name~=box]').val('selected');
    });
    $('#not').on('click', function() {
      $('#myform input[name!=textbox]').val('selected');
    });
    $('#multi').on('click', function() {
      $('#myform input[id=box3][name=textbox]').val('selected');
    });
    $('#clear').on('click', function() {
      $('#myform input').val('');
    });
  });
</script>
```


■実行結果

[class] ボタンは、inputタグにclass属性が与えられているものを取得します。この中ではbox1とbox4にあたります。class属性の値ではないので注意しましょう。

[id=box3] ボタンは、inputタグに与えられているid属性の値が「box3」に当たるものを取得します。

[name^=tex] ボタンは、inputタグに与えられているname属性の値が「tex」から始まるものを取得します。box1には「text」、box3には「textbox」がnameの値として入っています。

[name*=bo] ボタンは、指定した属性の値、この場合だと「bo」が含まれる要素を取得します。box1には「box」、box3には「textbox」、box4には「box4」がnameの値として入っているためこの3つがマッチします。

[id$=2] ボタンは、id属性の値が2で終わる要素を取得します。属性の値と指定した値の末尾から文字列がマッチしていれば、サンプルのように1文字だけでなくても要素は取得できます。例えばbox2を取得したい場合、「x2」や「box2」といったように指定することも可能です。「box」では最後の文字が「x」と「2」で異なるため、取得することはできません。

[id|=box] ボタンは属性の値が「box」に一致するか、「box」に「-」(ハイフン)を付けた派生値を持つ要素を取得します。

[name~=box] ボタンは指定した属性値がスペースを持って区切られている文字列、つまりnameの値で、スペースで区切られている単語の中に「box」がある要素が取得されます。box1のように「name="text box"」と記述されているものはマッチしますが、例えば「name="textbox"」と書かれている要素にはマッチしません。

[name!=textbox] ボタンはnameの値に「textbox」とは異なる値を持つ要素を取得します。サンプルでは、nameに「textbox」の値を持つものがbox3のinputタグだけです。したがって、box3以外の要素すべてに「name!=textbox」が当てはまります。

[id=box3] [name=textbox] ボタンは複合フィルタで、idの値が「box3」でnameの値が「textbox」という条件を満たした要素が取得されます。

5.13 拡張セレクタ

▶書式

```
$(':animated')
```

例

```
$('div:animated')
```

➡解説

jQueryにはCSSには存在しない独自のセレクタがあります。「:animated」はjQueryの拡張機能であり、アニメーションが実行中の要素を取得するセレクタです。拡張セレクタの使用は簡潔にプログラミングすることにも繋がるので、上手く使いこなしていきましょう。

SAMPLE

拡張セレクタの利用

```
<style>
  div {
    background: red;
    border: 1px solid #AAA;
    width: 50px;
    height: 150px;
    margin: 0 5px;
    float: left;
  }
  div.colored {
    background: blue;
  }
</style>
</head>
<body>
  <button id="click">click</button>
  <div></div>
  <div id="mover"></div>
  <div></div>
</body>
<script>
  $("#click").on('click', function(){
    $("div:animated").toggleClass("colored");
  });

  function animateIt(){
    $("#mover").slideToggle("slow", animateIt);
  }
  animateIt();
</script>
```

■実行結果

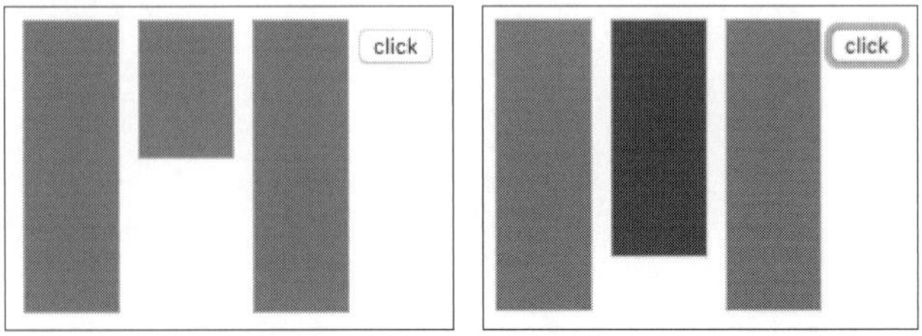

サンプルでは、3つ並んでいる長方形（div要素）のうち、真ん中のひとつが.slideToggleメソッドによって終始上下に動いています。そして、[click] ボタンをクリックすることによって、アニメーションが実行中の要素を取得し、背景色を青色に変更します。「div:animated」でアニメーション中のdiv要素を選択し、マッチした要素に.toggleClassメソッドで背景色を青に設定するcoloredクラスを付与しています。また、.slideToggleメソッドの第2引数へanimateIt関数を代入することにより、.slideToggleメソッドのアニメーションが終了したら再びアニメーションが繰り返されるようになっています。また、scriptタグ内で関数を実行することを忘れないよう注意しましょう。

5.14 セレクタ文字のエスケープ

▶書式

```
!"#$%&'()*+,./:;<=>?@[\]^`{|}~
```

➡解説

これらの文字は、セレクタを記述するための文法上、何らかの役割を担う文字として使用されています。例えば「#」はスタイルのID、「.」はスタイルのクラス指定を表すために使われます。これらの記号を、本来何も役割を持たない「ただの文字」として扱いたい場合は、バックスラッシュ2つ「\\」を前に置いてエスケープします。

6

jQueryオブジェクトの走査

OVERVIEW

走査系のメソッド

要素を絞り込んだり、要素間の親子関係を調べたりといった機能は、セレクタだけでなくメソッドとしても用意されています。セレクタも便利なのですが、複雑な構造のドキュメントに対してセレクタだけですべての条件抽出を行おうとすると、難解で可読性の低いパズルのような記述になってしまいがちです。セレクタに加えて走査系のメソッドもうまく組み合わせて使うことが、保守性の高いスクリプトを書くコツです。

6.1 要素をインデックス値で特定する

▶書式

```
.eq( インデックス )
.eq(- インデックス )
```

例

```
$('p').eq(2)
$('p').eq(-2)
```

➡解説

要素の集合から、指定したインデックス値に合致するもの以外を除去し、単一の要素を特定します。インデックス値は、要素の集合に対して、出現順に0から順に割り振られる整数値です。

インデックス値には、「-」を付けた負の値を指定することもできます。この場合、インデックス値は出現順の逆順、つまりドキュメントの下から数えた値で判断されます。

インデックス値は0から始まるので、0またはプラスの値を指定した場合は0を起点に上から数えた要素が対象になります。マイナス値を指定した場合は、一番最後の要素が「-1」になり、そこから減算していく点に注意が必要です。

SAMPLE

(1) インデックス値が「2」のp要素の背景色を塗る

```
<body>
<div class="main">
  <div class="header">
    <h1>jQueryポケットリファレンス</h1>
  </div>
  <div class="content">
    <p class="sticky3">0番目のP</p>
    <p class="sticky3">1番目のP</p>
    <p class="sticky3">2番目のP</p>
    <p class="sticky3">3番目のP</p>
    <button class="button" type="button" name="button">塗る</button>
  </div>
  <div class="footer">
    <hr>
    <p class="copyright">2019 xxxx all rights reserved.</p>
  </div>
</div>
<script>
$(document).ready(function(){
  $('.button').on('click', function() {
    $('.sticky3').eq(2).css('backgroundColor','red').css('color', ↩
'white');
  });
});
</script>
</body>
```

■実行結果

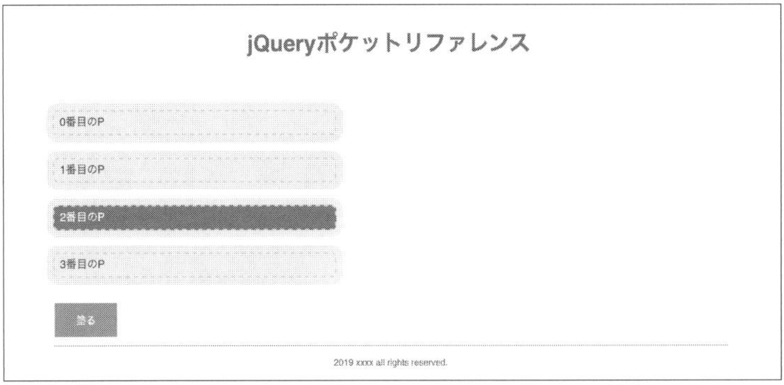

(2) 下から2番目のp要素の背景色を塗る

```
<body>
<div class="main">
  <div class="header">
    <h1>jQueryポケットリファレンス</h1>
  </div>
  <div class="content">
    <p class="sticky3">0番目のP</p>
    <p class="sticky3">1番目のP</p>
    <p class="sticky3">2番目のP</p>
    <p class="sticky3">3番目のP</p>
    <button class="button" type="button" name="button">塗る</button>
  </div>
  <div class="footer">
    <hr>
    <p class="copyright">2019 xxxx all rights reserved.</p>
  </div>
</div>
<script>
$(document).ready(function(){
  $('.button').on('click', function() {
    $('.sticky3').eq(-2).css('backgroundColor','red').css('color', 
'white');
  });
});
</script>
</body>
```

■実行結果

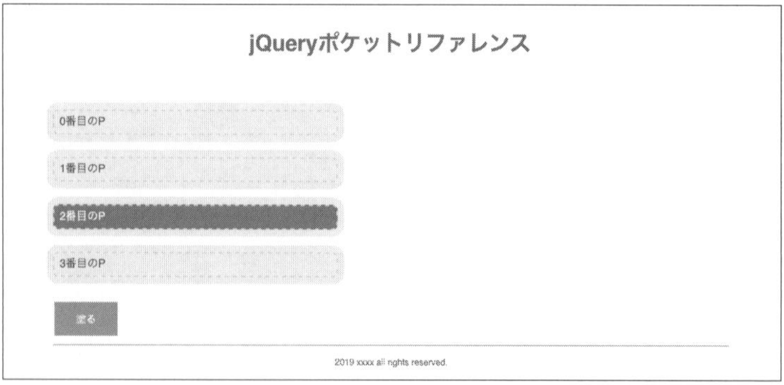

6.2 要素の集合から条件にマッチした要素を削除する

▶書式

```
.not( セレクタ )
.not( 要素 )
.not(function() { 処理... })
```

例

```
$('li').not(':first')
$('li').not($('#myelem'))
$('li').not(function() {
  if ($(this).index() == 3) {
    return $(this);
  }
});
```


➡解説

要素集合として渡されたjQueryオブジェクトから、条件に合致した要素を除外して新しい要素集合を生成します。条件として渡す引数は、セレクタでもDOM要素でも可です。

jQuery 1.4では、引数にクロージャが使えるようになりました。クロージャではjQueryオブジェクト内の各要素を順に検査し、動的に除外すべき要素を決定できます。なお、クロージャでは、現在検査中の要素を「$(this)」として参照できます。

SAMPLE

セレクタとクロージャで特定した要素を除外する

```
<body>
<div class="main">
  <div class="header">
    <h1>jQueryポケットリファレンス</h1>
  </div>
  <div class="content">
    <p class="sticky3">0番目のP</p>
    <p class="sticky3">1番目のP</p>
```

```
    <p class="sticky3">2番目のP</p>
    <p class="sticky3">3番目のP</p>
    <button class="button" id="button1" type="button" name="button1">セレクタで除外</button>
    <button class="button" id="button2" type="button" name="button2">クロージャで除外</button>
  </div>
  <div class="footer">
    <hr>
    <p class="copyright">2019 xxxx all rights reserved.</p>
  </div>
</div>
<script>
$(document).ready(function(){
  $('#button1').on('click', function() {
    $('.sticky3').not(':nth-child(3)').css('backgroundColor','red');
  });

  $('#button2').on('click', function() {
    $('.sticky3').not(function() {
      if ($(this).index() == 1) {
        return $(this);
      }
    }).css('backgroundColor','red');
  });
});
</script>
</body>
```

■実行結果

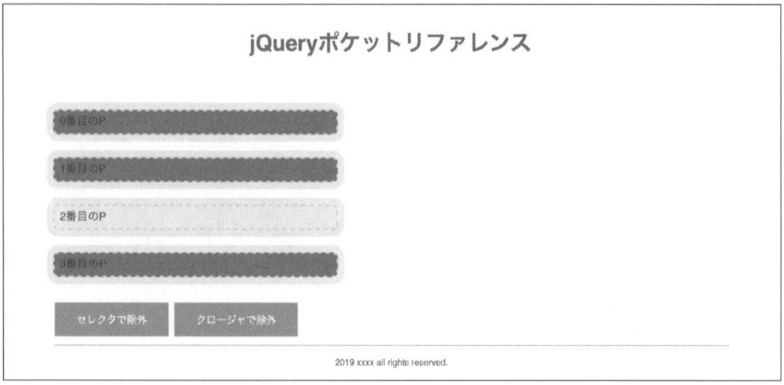

6.3 条件にマッチする子ノードを持つ要素の集合を得る

▶書式

```
.has( セレクタ )
```

例

```
$('ul').has('li')
```

解説

要素集合として渡されたjQueryオブジェクトから、条件にマッチする子ノードを持つ要素を抽出し、新たなjQueryオブジェクトを生成して返します。

6

SAMPLE

子に.notcatクラスの要素を持つli > div要素だけを抽出する

```
<body>
<div class="main">
  <div class="header">
    <h1>jQueryポケットリファレンス</h1>
  </div>
  <div class="content">
    <div class="tree" id="FamilyTreeDiv">
      <ul>
        <li>
          <div><span class="cat">食肉目（ネコ目）</span></div>
          <ul>
            <li><div><span class="cat">ネコ亜目</span></div>
              <ul>
                <li>
                  <div>
                    <span class="cat">ネコ科</span>
                    <ul>
                      <li>
                        <div>
                          <span class="notcat">カラカル属</span>
                          <span class="notcat">オセロット属</span>
                          <span class="cat">ネコ属</span>
```

```
             <span class="notcat">ピューマ属</span>
             <span class="notcat">ヒョウ属</span>
            </div>
           </li>
          </ul>
         </div>
        </li>
       </ul>
      </li>
      <li>
       <div><span class="notcat">イヌ亜目</span></div>
      </li>
     </ul>
    </li>
   </ul>
  </div>

  <button class="button" type="button" name="button">ネコ属以外のひとたち</button>
 </div>
 <div class="footer">
  <hr>
  <p class="copyright">2019 xxxx all rights reserved.</p>
 </div>
</div>
<script>
$(document).ready(function(){
 $('.button').on('click', function() {
  $('li > div').has('.notcat').css('backgroundColor','red').css('color', 'white');
 });
});
</script>
</body>
```

■実行結果

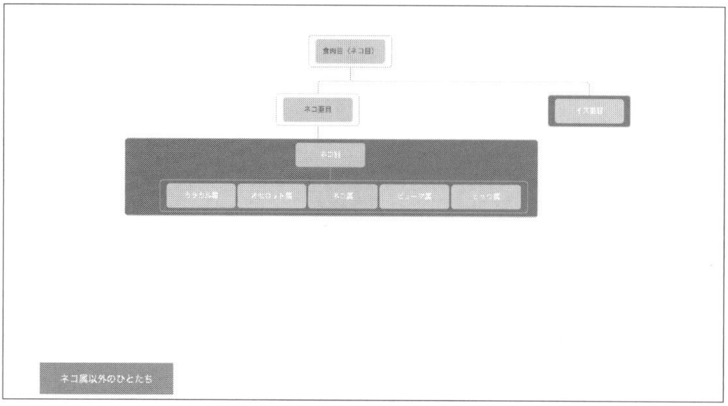

6.4 各要素を関数に通して処理する

▶書 式

```
.map( コールバック )
```

例

```
$('p').map(function() {
  return $(this).id;
});
```

➡解 説

要素集合として渡されたjQueryオブジェクトを走査し、各要素が持つさまざまな値を抽出して新たなjQueryオブジェクトを生成します。コールバック関数内では、現在の要素をJavaScriptのオブジェクト「this」や、jQueryのオブジェクト「$(this)」で参照できます。jQueryオブジェクトではなく、配列やJavaScriptのオブジェクトに対して同様の処理を行う場合は$.map()メソッドを使用してください。$.map()メソッドは、jQuery 1.6以降で配列だけでなくオブジェクトも扱えるようになりました。

SAMPLE

すべてのspan要素を走査し、各要素の$(this).text()の値を連結して出力する

```
<body>
<div class="main">
  <div class="header">
    <h1>jQueryポケットリファレンス</h1>
  </div>
  <div class="content">
    <div class="tree" id="FamilyTreeDiv">
      <ul>
        <li>
          <div><span class="cat">食肉目（ネコ目）</span></div>
          <ul>
            <li><div><span class="cat">ネコ亜目</span></div>
              <ul>
                <li>
                  <div>
                    <span class="cat">ネコ科</span>
                    <ul>
                      <li>
                        <div>
                          <span class="notcat">カラカル属</span>
                          <span class="notcat">オセロット属</span>
                          <span class="cat">ネコ属</span>
                          <span class="notcat">ピューマ属</span>
                          <span class="notcat">ヒョウ属</span>
                        </div>
                      </li>
                    </ul>
                  </div>
                </li>
              </ul>
            </li>
            <li>
              <div><span class="notcat">イヌ亜目</span></div>
            </li>
          </ul>
        </li>
      </ul>
    </div>
    <div class="desc"></div>
```

```
    <button class="button" type="button" name="button">分類の名前
</button>
  </div>
  <div class="footer">
    <hr>
    <p class="copyright">2019 xxxx all rights reserved.</p>
  </div>
</div>
<script>
$(document).ready(function(){
  $('.button').on('click', function() {
    var catnames = $('span').map(function() {
      return $(this).text();
    }).get().join(',');
    $('.desc').append(catnames + '<br>');
  });
});
</script>
</body>
```


■実行結果

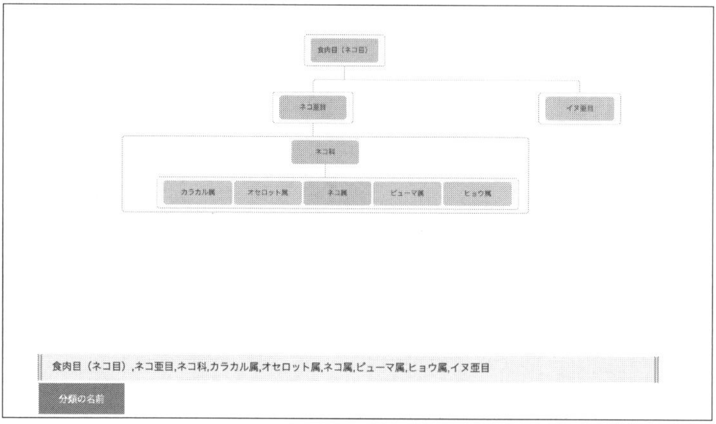

6.5 インデックス値の範囲で要素を抽出する

▶書式

```
.slice( 開始インデックス , [ 終了インデックス ])
```

例

```
$('p').slice(2)
$('p').slice(1, 5)
$('p').slice(-3, -1)
```

解説

要素集合から、0で始まるインデックス値の範囲を指定して要素を抽出し、新たなjQueryオブジェクトを生成します。

第2引数の終了インデックスは省略可能で、その場合は開始インデックスで指定した要素から最後の要素までが抽出されます。

終了インデックスが指定された場合、抽出されるのは終了インデックスで指定した要素の直前の要素までになります。終了インデックスにマッチする要素は含まれませんので注意してください。

インデックス値には負の値も指定できます。その場合、開始・終了の各インデックス値は、それぞれ要素集合の後ろから数えた値として扱われます。

SAMPLE

sliceで範囲を絞った要素の背景色を塗り替える

```
<body>
<div class="main">
  <div class="header">
    <h1>jQueryポケットリファレンス</h1>
  </div>
  <div class="content">
    <p class="sticky">0番目のP</p>
    <p class="sticky">1番目のP</p>
    <p class="sticky">2番目のP</p>
    <p class="sticky">3番目のP</p>
    <p class="sticky">4番目のP</p>
    <p class="sticky">5番目のP</p>
```

```
    <p class="sticky">6番目のP</p>
    <p class="sticky">7番目のP</p>
    <button class="button" id="button1" type="button" name="button1">↩
1〜3を選択</button>
    <button class="button" id="button2" type="button" name="button2">↩
-3〜-1を選択</button>
  </div>
  <div class="footer">
    <hr>
    <p class="copyright">2019 xxxx all rights reserved.</p>
  </div>
</div>
<script>
$(document).ready(function(){
  $('#button1').on('click', function() {
    $('.sticky').slice(1,3).css('backgroundColor','red').css('color', ↩
'white');
  });

  $('#button2').on('click', function() {
    $('.sticky').slice(-3, -1).css('backgroundColor','red')↩
.css('color', 'white');
  });
});
</script>
</body>
```


6.6 条件にマッチする要素を抽出する

▶書式

```
.filter( セレクタ )
.filter(function() { 処理... })
```

例

```
$('li').filter(':even')
$('li').filter(function(index) {
  return index == 1;
})
```

➡解 説

jQueryオブジェクトの持つ要素集合から、条件にマッチする要素だけを抽出し、新たなjQueryオブジェクトとして返します。

条件はセレクタで指定することも、クロージャで指定することもできます。クロージャは各要素をテストするので、条件に応じてtrueまたはfalseを返すように記述します。trueを返した場合その要素は抽出後のjQueryオブジェクトに含まれ、falseを返した場合は除かれます。

SAMPLE

filterで抽出した要素の背景色を塗る

```
<body>
<div class="main">
  <div class="header">
    <h1>jQueryポケットリファレンス</h1>
  </div>
  <div class="content">
    <p class="sticky">0番目のP</p>
    <p class="sticky2">1番目のP</p>
    <p class="sticky3">2番目のP</p>
    <p class="sticky4">3番目のP</p>
    <p class="sticky2">4番目のP</p>
    <p class="sticky3">5番目のP</p>
    <p class="sticky4">6番目のP</p>
    <p class="sticky2">7番目のP</p>
    <button class="button" id="button1" type="button" name="button1">
緑フチの付箋だけ選択</button>
  </div>
  <div class="footer">
    <hr>
    <p class="copyright">2019 xxxx all rights reserved.</p>
  </div>
</div>
<script>
$(document).ready(function(){
  $('#button1').on('click', function() {
    $('p').filter('.sticky2').css('backgroundColor','blue')
.css('color', 'white');
  });
});
```

```
</script>
</body>
```

■実行結果

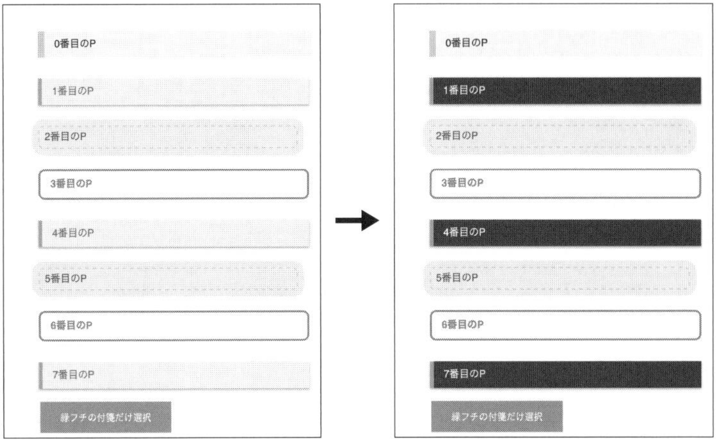

6.7 要素集合から子要素を抽出する

▶書式

```
.children([ セレクタ ])
```

例

```
$('ul').children()
$('ul').children(':odd')
```

解説

要素の集合から、条件にマッチした要素の子要素を抽出します。引数に何も指定しなければすべての子要素、引数にセレクタを記述すれば条件に応じてフィルタされた子要素の集合が取得できます。

なお、結果として得られる要素集合には、探索条件にマッチした要素そのものは含まれません。返されるのは子だけで「本人」は除かれるということに注意してください。

SAMPLE

指定要素の子要素を抽出し、背景色を塗り替える

```
<body>
<div class="main">
  <div class="header">
    <h1>jQueryポケットリファレンス</h1>
  </div>
  <div class="content">
    <div class="tree" id="FamilyTreeDiv">
      <ul>
        <li>
          <div><span class="cat">食肉目（ネコ目）</span></div>
          <ul>
            <li><div><span class="cat">ネコ亜目</span></div>
              <ul>
                <li>
                  <div>
                    <span class="cat">ネコ科</span>
                    <ul>
                      <li>
                        <div id="felidae">
                          <span class="notcat">カラカル属</span>
                          <span class="notcat">オセロット属</span>
                          <span class="cat">ネコ属</span>
                          <span class="notcat">ピューマ属</span>
                          <span class="notcat">ヒョウ属</span>
                        </div>
                      </li>
                    </ul>
                  </div>
                </li>
              </ul>
            </li>
            <li>
              <div><span class="notcat">イヌ亜目</span></div>
            </li>
          </ul>
        </li>
      </ul>
    </div>
```

```
    <button class="button" id="button1" type="button" name="button">ネ
コ科のひとたちみんな</button>
    <button class="button" id="button2" type="button" name="button">ネ
コ科のネコ属</button>
  </div>
  <div class="footer">
    <hr>
    <p class="copyright">2019 xxxx all rights reserved.</p>
  </div>
</div>
<script>
$(document).ready(function(){
  $('#button1').on('click', function() {
    $('#felidae').children().css('backgroundColor','green')
.css('color', 'white');
  });
  $('#button2').on('click', function() {
    $('#felidae').children('.cat').css('backgroundColor','green')
.css('color', 'white');
  });
});
</script>
</body>
```

■実行結果

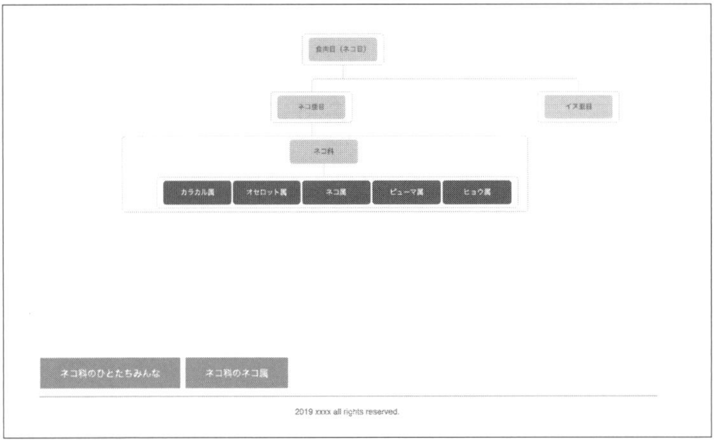

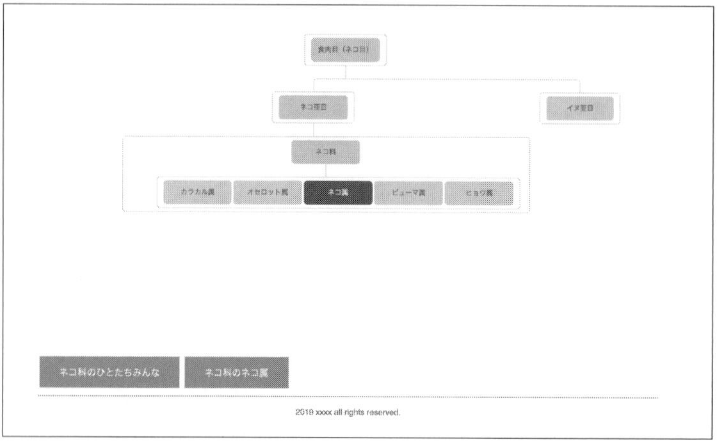

6.8 条件にマッチした要素の兄弟要素を抽出する

▶書式

```
.siblings([ セレクタ ])
```

例

```
$('li.myclass').siblings()
$('li.myclass').siblings(':even')
```

➡解説

要素の集合から、条件にマッチした要素の兄弟要素を抽出します。引数に何も指定しなければ、すべての兄弟要素、引数にセレクタを記述すれば、条件に応じてフィルタされた兄弟要素の集合が取得できます。

なお、結果として得られる要素集合には、探索条件にマッチした要素そのものは含まれません。返されるのは兄弟だけで「本人」は除かれるということに注意してください。

SAMPLE

兄弟要素を抽出して背景色を変える

```
<body>
<div class="main">
  <div class="header">
    <h1>jQueryポケットリファレンス</h1>
  </div>
  <div class="content">
    <div class="tree" id="FamilyTreeDiv">
      <ul>
        <li>
          <div><span class="cat">食肉目（ネコ目）</span></div>
          <ul>
            <li><div><span class="cat">ネコ亜目</span></div>
              <ul>
                <li>
                  <div>
                    <span class="cat">ネコ科</span>
                    <ul>
                      <li>
                        <div id="felidae">
                          <span class="notcat">カラカル属</span>
                          <span class="notcat">オセロット属</span>
                          <span class="cat">ネコ属</span>
                          <span id="puma" class="notcat">ピューマ属
</span>
                          <span class="notcat">ヒョウ属</span>
                        </div>
                      </li>
                    </ul>
                  </div>
                </li>
              </ul>
            </li>
            <li>
              <div><span class="notcat">イヌ亜目</span></div>
            </li>
          </ul>
        </li>
      </ul>
    </div>
```

```
    <button class="button" id="button1" type="button" name="button">ピューマの兄弟</button>
  </div>
  <div class="footer">
    <hr>
    <p class="copyright">2019 xxxx all rights reserved.</p>
  </div>
</div>
<script>
$(document).ready(function(){
  $('#button1').on('click', function() {
    $('#puma').siblings().css('backgroundColor','green').css('color', 'white');
  });
});
</script>
</body>
```

■実行結果

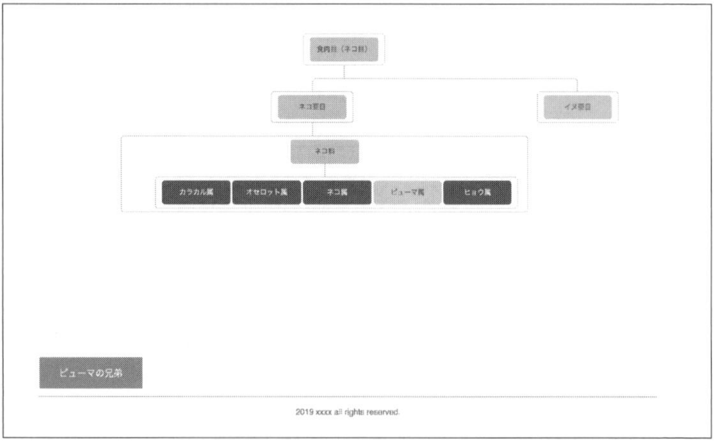

6.9 条件にマッチした要素の親要素を抽出する

▶書式

```
.parent([ セレクタ ])
.parents([ セレクタ ])
```

例

```
$('li').parent()
$('p').parent('.mydiv')

$('li').parents()
$('p').parents('.mydiv')
```


➡解説

要素の集合から、条件にマッチした要素の親要素を抽出します。引数に何も指定しなければ、すべての親要素を抽出します。引数にセレクタを記述すれば、条件に応じてフィルタされた親要素の集合が取得できます。

.parent()と.parents()は非常に似たメソッドですが、.parent()が直接の親要素だけを返すのに対し、.parents()は階層をさかのぼって先祖となる要素をすべて返します。.parents()に何もセレクタを指定しない場合、html要素までさかのぼってすべての親要素が返されることに注意しましょう。

なお、結果として得られる要素集合には、探索条件にマッチした要素そのものは含まれません。返されるのは親だけで「本人」は除かれるということに注意してください。

SAMPLE

.parent()と.parents()の違いを確認する

※DOMの「親要素」を取得するのであって系統図の「親」ではないことを理解しましょう。

```
<body>
<div class="main">
  <div class="header">
    <h1>jQueryポケットリファレンス</h1>
  </div>
  <div class="content">
```

```
    <div class="tree" id="FamilyTreeDiv">
      <ul>
        <li>
          <div><span class="cat">食肉目（ネコ目）</span></div>
          <ul>
            <li><div><span class="cat">ネコ亜目</span></div>
              <ul>
                <li>
                  <div>
                    <span class="cat">ネコ科</span>
                    <ul>
                      <li>
                        <div id="felidae">
                          <span class="notcat">カラカル属</span>
                          <span class="notcat">オセロット属</span>
                          <span class="cat">ネコ属</span>
                          <span class="notcat">ピューマ属</span>
                          <span id="leopard" class="notcat">ヒョウ属⏎
</span>
                        </div>
                      </li>
                    </ul>
                  </div>
                </li>
              </ul>
            </li>
            <li>
              <div><span class="notcat">イヌ亜目</span></div>
            </li>
          </ul>
        </li>
      </ul>
    </div>

    <button class="button" id="button1" type="button" name="button">⏎
ヒョウの親</button>
    <button class="button" id="button2" type="button" name="button">⏎
ヒョウの先祖</button>
  </div>
  <div class="footer">
    <hr>
```

```
    <p class="copyright">2019 xxxx all rights reserved.</p>
  </div>
</div>
<script>
$(document).ready(function(){
  $('#button1').on('click', function() {
    $('#leopard').parent().css('backgroundColor','green').css('color', 'white');
  });
  $('#button2').on('click', function() {
    $('#leopard').parents().css('backgroundColor','green').css('color', 'white');
  });
});
</script>
</body>
```


■実行結果

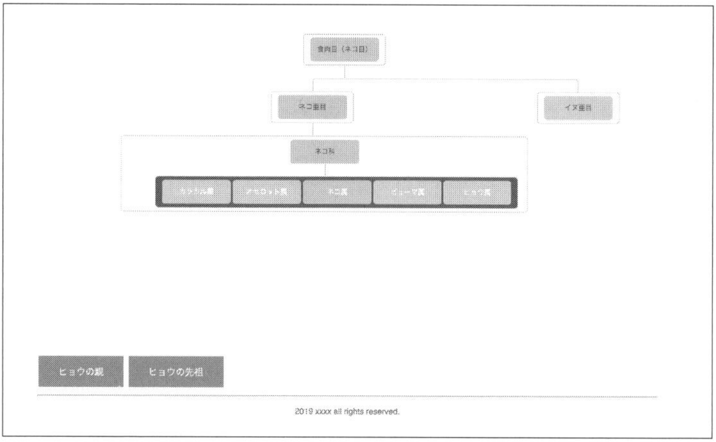

6.10 条件にマッチした要素の親要素を、範囲を限定して抽出する

▶書式

```
.parentUntil([ セレクタ ])
```

例

```
$('li').parentsUntil()
$('p').parentsUntil('div.content')
```

➡解説

.parents()と同様に、要素の親要素を先祖代々さかのぼって抽出しますが、.parentsUntil()では抽出を止める条件をセレクタを使って指定できます。

セレクタを指定しない、もしくは指定したセレクタの条件が一切の要素にマッチしない場合、html要素までさかのぼってすべての親要素が返されることに注意しましょう。

SAMPLE

停止条件を設定して親要素を探索する

```
<body>
<div class="main">
  <div class="header">
    <h1>jQueryポケットリファレンス</h1>
  </div>
  <div class="content">
    <div class="tree" id="FamilyTreeDiv">
      <ul>
        <li>
          <div><span class="cat">食肉目（ネコ目）</span></div>
          <ul id="suborder">
            <li><div><span class="cat">ネコ亜目</span></div>
              <ul>
                <li>
                  <div>
                    <span class="cat">ネコ科</span>
                    <ul>
```

```
                      <li>
                        <div id="felidae">
                          <span class="notcat">カラカル属</span>
                          <span class="notcat">オセロット属</span>
                          <span class="cat">ネコ属</span>
                          <span class="notcat">ピューマ属</span>
                          <span id="leopard" class="notcat">ヒョウ属↩
</span>
                        </div>
                      </li>
                    </ul>
                  </div>
                </li>
              </ul>
            </li>
            <li>
              <div><span class="notcat">イヌ亜目</span></div>
            </li>
          </ul>
        </li>
      </ul>
    </div>

    <button class="button" id="button1" type="button" name="button">↩
亜目までのヒョウの先祖</button>
  </div>
  <div class="footer">
    <hr>
    <p class="copyright">2019 xxxx all rights reserved.</p>
  </div>
</div>
<script>
$(document).ready(function(){
  $('#button1').on('click', function() {
    $('#leopard').parentsUntil('#suborder').css('backgroundColor', ↩
'orange').css('color', 'white');
  });
});
</script>
</body>
```

6

■実行結果

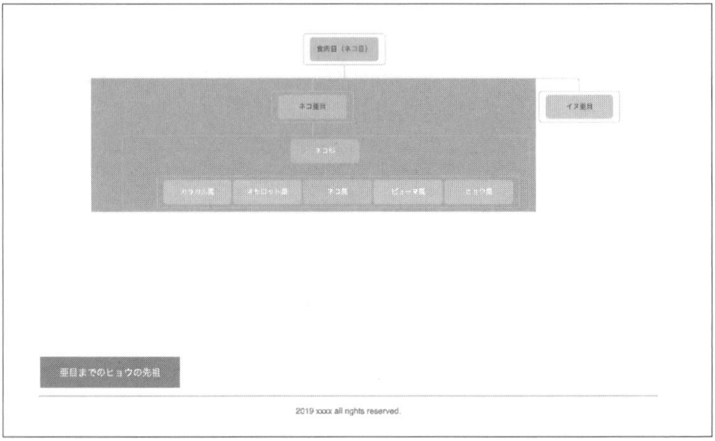

6.11 要素の前・後の兄弟要素をすべて抽出する

▶書式

```
.prevAll([ セレクタ ])
.nextAll([ セレクタ ])
```

例

```
$('li.three').prevAll()
$('li.three').nextAll()
```

➡解説

与えられたjQueryオブジェクトの要素に対し、.prevAll()は前、.nextAll()は後ろの兄弟要素をすべて取得します。引数としてセレクタを指定すれば、結果をさらに絞り込めます。

SAMPLE

前・後のすべての兄弟要素の背景色を設定する

```
<body>
<div class="main">
```

```
  <div class="header">
    <h1>jQueryポケットリファレンス</h1>
  </div>
  <div class="content">
    <div class="tree" id="FamilyTreeDiv">
      <ul>
        <li>
          <div><span class="cat">食肉目（ネコ目）</span></div>
          <ul id="suborder">
            <li><div><span class="cat">ネコ亜目</span></div>
              <ul>
                <li>
                  <div>
                    <span class="cat">ネコ科</span>
                    <ul>
                      <li>
                        <div id="felidae">
                          <span class="notcat">カラカル属</span>
                          <span class="notcat">オセロット属</span>
                          <span id="cat" class="cat">ネコ属</span>
                          <span class="notcat">ピューマ属</span>
                          <span class="notcat">ヒョウ属</span>
                        </div>
                      </li>
                    </ul>
                  </div>
                </li>
              </ul>
            </li>
            <li>
              <div><span class="notcat">イヌ亜目</span></div>
            </li>
          </ul>
        </li>
      </ul>
    </div>

    <button class="button" id="button1" type="button" name="button">ネコ属の前</button>
    <button class="button" id="button2" type="button" name="button">ネコ属の後</button>
```

```
  </div>
  <div class="footer">
    <hr>
    <p class="copyright">2019 xxxx all rights reserved.</p>
  </div>
</div>
<script>
$(document).ready(function(){
  $('#button1').on('click', function() {
    $('#cat').prevAll().css('backgroundColor','orange').css('color', 
'white');
  });
  $('#button2').on('click', function() {
    $('#cat').nextAll().css('backgroundColor','orange').css('color', 
'white');
  });
});
</script>
</body>
```

■実行結果

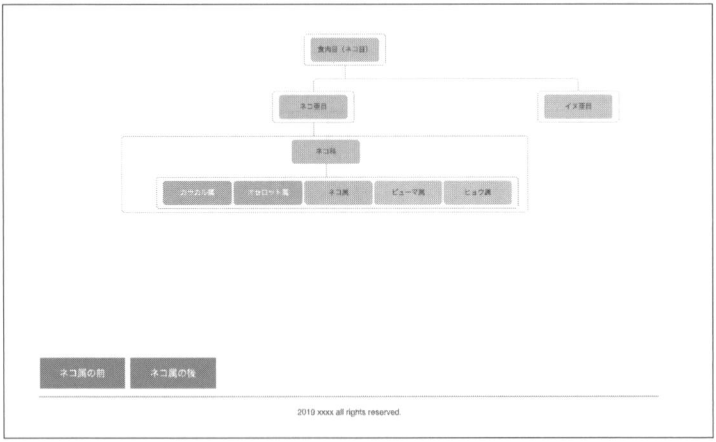

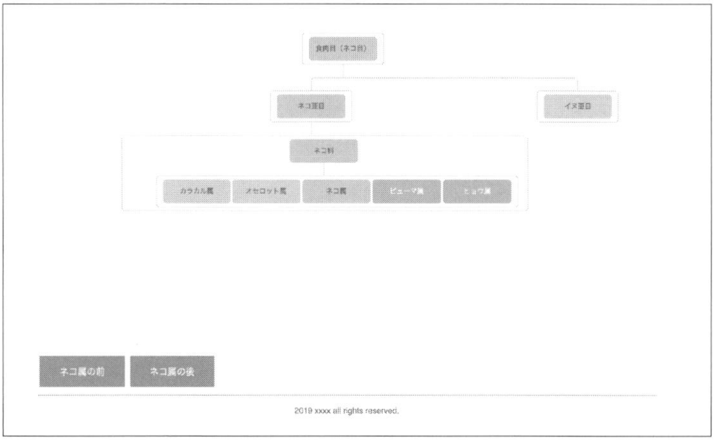

6.12 要素の前・後の兄弟要素を、範囲を限定して抽出する

▶書式

```
.prevUntil([ セレクタ ])
.nextUntil([ セレクタ ])
```

例

```
$('li.three').prevUntil('.two')
$('li.three').nextUntil('.six')
```

➡解説

.prevAll()や.nextAll()と同様に、与えられたjQueryオブジェクトの要素に対し、.prevUntil()は前、.nextUntil()は後ろの兄弟要素を取得します。ただし、異なるのは、探索の停止条件をセレクタとして指定できることです。

結果に含まれるのは、探索停止条件のセレクタにマッチした要素の直前までです。停止条件にマッチした要素そのものは、結果には含まれません。

停止条件のセレクタが省略された場合、および何もマッチしない場合は、それぞれ前・後のすべての兄弟要素が結果に含まれることに注意しましょう。

SAMPLE

停止条件付きで兄弟要素を探索する

```
<body>
<div class="main">
  <div class="header">
    <h1>jQueryポケットリファレンス</h1>
  </div>
  <div class="content">
    <p id="zero" class="sticky">0番目のP</p>
    <p id="one" class="sticky">1番目のP</p>
    <p id="two" class="sticky">2番目のP</p>
    <p id="three" class="sticky">3番目のP</p>
    <p id="four" class="sticky">4番目のP</p>
    <p id="five" class="sticky">5番目のP</p>
    <p id="six" class="sticky">6番目のP</p>
    <p id="seven" class="sticky">7番目のP</p>
    <button class="button" id="button1" type="button" name="button1">⏎
4番目の兄弟1番目まで</button>
    <button class="button" id="button2" type="button" name="button1">⏎
4番目の兄弟7番目まで</button>
  </div>
  <div class="footer">
    <hr>
    <p class="copyright">2019 xxxx all rights reserved.</p>
  </div>
</div>
<script>
$(document).ready(function(){
  $('#button1').on('click', function() {
    $('#four').prevUntil('#one').css('backgroundColor','blue')⏎
.css('color', 'white');
  });
  $('#button2').on('click', function() {
    $('#four').nextUntil('#seven').css('backgroundColor','blue')⏎
.css('color', 'white');
  });
});
</script>
</body>
```

■ 実行結果

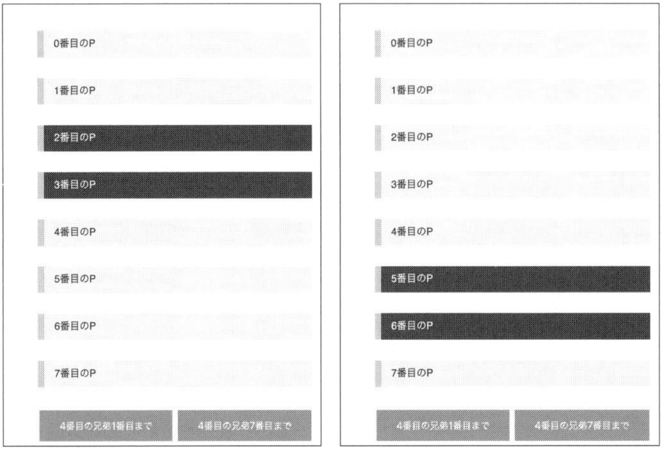

6.13 最も近くの条件にマッチする親要素を得る

▶ 書式

```
.closest( セレクタ )
.closest( セレクタ , [ コンテキスト ])
```

例

```
$('li').closest('ul')
$('li').closest('ul', 'body')
```

➡ 解説

1つ目の書式では、探索条件にマッチし起点となる要素から、最も近くにあり、かつセレクタの条件にマッチする要素をjQueryオブジェクトとして返します。.parents()と似ていますが、.parents()が探索を1つ上の親要素から開始するのに対し、.closest()はマッチした要素自身から開始します。よって、セレクタの条件によっては、.closest()はマッチした要素自身を返す場合があります。

なお、jQuery 1.4で追加され、主にプラグイン開発者やjQueryの内部での使用、イベントハンドラでの利用を想定した「配列を返すclosest()メソッド」はjQuery 1.8で廃止されています。これにより戻り値はjQueryオブジェクトで統一されていますので、古いコードにclosest()を見つけた場合は注意しましょう。

SAMPLE

自分自身も含めて、最も近い親div要素の背景を塗る

```
<body>
<div class="main">
  <div class="header">
    <h1>jQueryポケットリファレンス</h1>
  </div>
  <div class="content">
    <div class="tree" id="FamilyTreeDiv">
      <ul>
        <li>
          <div><span class="cat">食肉目（ネコ目）</span></div>
          <ul>
            <li><div><span class="cat">ネコ亜目</span></div>
              <ul>
                <li>
                  <div>
                    <span class="cat">ネコ科</span>
                    <ul>
                      <li>
                        <div id="felidae">
                          <span class="notcat">カラカル属</span>
                          <span class="notcat">オセロット属</span>
                          <span class="cat">ネコ属</span>
                          <span class="notcat">ピューマ属</span>
                          <span id="leopard" class="notcat">ヒョウ属</span>
                        </div>
                      </li>
                    </ul>
                  </div>
                </li>
              </ul>
            </li>
            <li>
```

```
              <div><span class="notcat">イヌ亜目</span></div>
            </li>
          </ul>
        </li>
      </ul>
    </div>

    <button class="button" id="button1" type="button" name="button">↲
ヒョウにいちばん近い親div</button>
  </div>
  <div class="footer">
    <hr>
    <p class="copyright">2019 xxxx all rights reserved.</p>
  </div>
</div>
<script>
$(document).ready(function(){
  $('#button1').on('click', function() {
    $('#leopard').closest('div').css('backgroundColor','green')↲
.css('color', 'white');
  });
});
</script>
</body>
```


6.14 条件にマッチする要素を子孫の階層から探索する

▶ 書式

```
.find( セレクタ )
```

例

```
$('li').find('li')
```

➡解説

.find()は.children()と似たメソッドですが、.children()が直下の子要素だけを返すのに対し、.find()は子孫の階層すべてを対象として検索を行います。

SAMPLE

要素の子孫から、特定のクラス指定を持つ要素だけ見つける

```
<body>
<div class="main">
  <div class="header">
    <h1>jQueryポケットリファレンス</h1>
  </div>
  <div class="content">
    <div class="tree" id="FamilyTreeDiv">
      <ul>
        <li>
          <div><span class="cat">食肉目（ネコ目）</span></div>
          <ul>
            <li><div><span class="cat">ネコ亜目</span></div>
              <ul>
                <li>
                  <div>
                    <span class="cat">ネコ科</span>
                    <ul>
                      <li>
                        <div id="felidae">
                          <span class="notcat">カラカル属</span>
                          <span class="notcat">オセロット属</span>
                          <span class="cat">ネコ属</span>
                          <span class="notcat">ピューマ属</span>
                          <span id="leopard" class="notcat">ヒョウ属
</span>
                        </div>
                      </li>
                    </ul>
                  </div>
                </li>
              </ul>
            </li>
            <li>
              <div><span class="notcat">イヌ亜目</span></div>
            </li>
          </ul>
        </li>
      </ul>
    </div>
```

```
    <button class="button" id="button1" type="button" name="button">系
統図のイエネコな流れ</button>
  </div>
  <div class="footer">
    <hr>
    <p class="copyright">2019 xxxx all rights reserved.</p>
  </div>
</div>
<script>
$(document).ready(function(){
  $('#button1').on('click', function() {
    $('#FamilyTreeDiv').find('.cat').css('backgroundColor','purple')
.css('color', 'white');
  });
});
</script>
</body>
```

6.15 最も近い「配置済み」の親要素を得る

▶書式

```
.offsetParent()
```

例

```
$('p.myClass').offsetParent()
```

➡解説

マッチした要素の先祖から、「配置済み」つまりCSSのpositionプロパティがstatic以外（relative, absolute, fixed）の要素で最も近い位置にあるものを返します。アニメーションや要素の動的な配置を行うようなページで、便利なメソッドです。

SAMPLE

特定の要素の先祖から配置済みの要素を探す

```
<body>
<div class="main">
  <div class="header">
    <h1>jQueryポケットリファレンス</h1>
  </div>
  <div class="content">
    <div class="tree" id="FamilyTreeDiv">
      <ul>
        <li>
          <div><span class="cat">食肉目（ネコ目）</span></div>
          <ul>
            <li><div><span class="cat">ネコ亜目</span></div>
              <ul>
                <li>
                  <div>
                    <span class="cat">ネコ科</span>
                    <ul>
                      <li>
                        <div id="felidae">
                          <span class="notcat">カラカル属</span>
                          <span class="notcat">オセロット属</span>
                          <span class="cat">ネコ属</span>
                          <span class="notcat">ピューマ属</span>
                          <span id="leopard" class="notcat">ヒョウ属⏎
</span>
                        </div>
                      </li>
                    </ul>
                  </div>
                </li>
              </ul>
            </li>
            <li style="position: relative;">
              <div><span id="dog" class="notcat">イヌ亜目</span></div>
            </li>
          </ul>
        </li>
      </ul>
    </div>
```

```
    <button class="button" id="button1" type="button" name="button">イ
ヌ亜目のoffsetParent</button>
  </div>
  <div class="footer">
    <hr>
    <p class="copyright">2019 xxxx all rights reserved.</p>
  </div>
</div>
<script>
$(document).ready(function(){
  $('#button1').on('click', function() {
    $('#dog').offsetParent().css('backgroundColor','purple')
.css('color', 'white');
  });
});
</script>
</body>
```


6.16 要素集合に要素を追加する

▶書式

```
.add( セレクタ )
.add( 要素 )
.add( HTML )
.add( セレクタ , コンテキスト )
```

例

```
$('div').add('p')
$('div').add(getElementById('myId'))
$('div').add('<p id="myId">この段落は追加されました。</p>')
$('div').add('p', document.body)
```

➡解説

渡されたjQueryオブジェクトの要素集合に、引数から導かれる要素を追加し、新たなjQueryオブジェクトとして返します。引数はセレクタ、

DOM要素、HTMLのいずれでも可能です。セレクタ、DOM要素を指定した場合、その条件がマッチする要素が、既存のjQueryオブジェクトに追加されます。HTMLを指定した場合、新たな要素として、jQueryオブジェクトに追加されます。このメソッドでは、要素はあくまでもjQueryオブジェクトに追加されるのであって、ドキュメントに追加されるわけではないことに注意してください。ブラウザ上に表示させるためにはappendTo等のメソッドを使う必要があります。

なお、jQuery 1.4以降、新しく追加された要素はjQueryオブジェクトの最後に追加されるのではなく、ドキュメントの構造に従って正しい順序で返されるようになりました。

SAMPLE

span要素集合にp要素を抽出して追加する

※ボーダーの付き方、背景色の変わり方に注目しましょう。

```
<body>
<div class="main">
  <div class="header">
    <h1>jQueryポケットリファレンス</h1>
  </div>
  <div class="content">
    <div class="tree" id="FamilyTreeDiv">
      <ul>
        <li>
          <div><span class="cat">食肉目（ネコ目）</span></div>
          <ul>
            <li><div><span class="cat">ネコ亜目</span></div>
              <ul>
                <li>
                  <div>
                    <span class="cat">ネコ科</span>
                    <ul>
                      <li>
                        <div id="felidae">
                          <span class="notcat">カラカル属</span>
                          <span class="notcat">オセロット属</span>
                          <span class="cat">ネコ属</span>
                        </div>
                      </li>
                    </ul>
```

```
                  </div>
                </li>
              </ul>
            </li>
            <li>
              <div><span id="dog" class="notcat">イヌ亜目</span></div>
            </li>
            <li>
              <div><p class="notcat">新種</p></div>
            </li>
          </ul>
        </li>
      </ul>
    </div>

    <button class="button" id="button1" type="button" name="button">新⏎
種を発見</button>
  </div>
  <div class="footer">
    <hr>
    <div class="copyright">2019 xxxx all rights reserved.</div>
  </div>
</div>
<script>
$(document).ready(function(){
  $('#button1').on('click', function() {
    $('span').css('border', '4px solid #f00').add('p')⏎
.css('backgroundColor', 'yellow');
  });
});
</script>
</body>
```

6

■実行結果

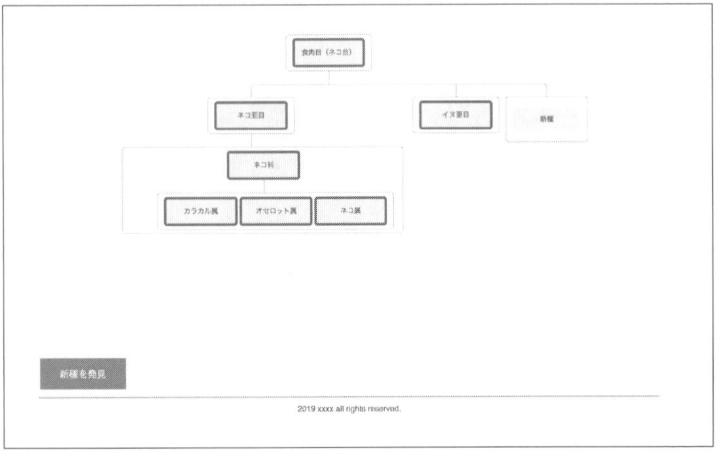

6.17 テキストノードも含めて、要素の子ノードを抽出する

▶書式

```
.contents()
```

例

```
$('div').contents()
```

➡解説

条件にマッチした要素から、テキストノードを含むすべての子ノードを抽出して返します。.children()メソッドに似ていますが、.children()は、結果にテキストノードを含みません。

iframeを使ったサイトでは、.contents()メソッドは特に便利です。iframeとメインページが同一のドメインに属していれば、.contents()メソッドは、メインページからiframeに表示しているドキュメントのコンテンツを操作することもできます。ただし、Safari等一部のブラウザでは動作しないケースもありますので、ブラウザを限定できないサイトでは充分な検証を行うようにしてください。

SAMPLE

iframe内の要素を指定して背景色を塗る

【メインページ】

```
<body>
<div class="main">
<div class="header">
  <h1>jQueryポケットリファレンス</h1>
</div>
<div class="content">
<div>メインページのコンテンツです</div>
<iframe id="frame1" src="http://localhost/xxxx.html"></iframe>
</div>
<div class="footer">
  <hr>
  <div class="copyright">2019 xxxx all rights reserved.</div>
</div>
</div>
<script>
$(document).ready(function(){
  $('#frame1').contents().find('p').css('backgroundColor', 'yellow')
.css('border', '1px solid red');
});
</script>
</body>
```

【iframe内のページ】

```
<body>
<p>フレーム内ページのコンテンツです</p>
</body>
```

■実行結果

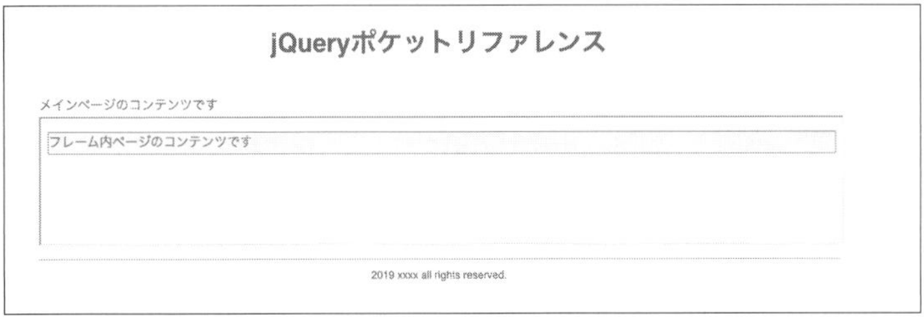

6.18 1つ前の状態のjQueryオブジェクトを返す

▶書式

```
.end()
```

例

```
.end()
```

➡解説

走査系のメソッドの多くは、jQueryオブジェクトをもとに、別の要素集合として新たなjQueryオブジェクトを生成します。jQueryでは、これを利用してメソッドを延々とつなげていく「メソッドチェーン」手法が使えます。しかし、場合によってはチェーンの途中でそれより前に実行されたメソッドの効果を取り消して、処理以前の状態のjQueryオブジェクトを利用したいケースがあります。.end()メソッドは、直前のフィルタ操作が実行される前の状態のjQueryオブジェクトを返します。これにより、さらに柔軟なメソッドチェーンを可読性の高いコードで記述できるようになります。

また、DOMの各要素に対して複数の操作を行う場合に、何度もセレクタで条件抽出を行うと非効率なケースもあります。end()を使えば一度抽出した要素集合を繰り返し利用できるため、効率的な処理を記述できます。

SAMPLE

系統図全体のDOM要素を一度だけ抽出し、各要素への操作を行う

```
<body>
<div class="main">
  <div class="header">
    <h1>jQueryポケットリファレンス</h1>
  </div>
  <div class="content">
    <div class="tree" id="FamilyTreeDiv">
      <ul>
        <li>
          <div><span class="cat">食肉目（ネコ目）</span></div>
```

```
          <ul>
            <li><div><span class="cat">ネコ亜目</span></div>
              <ul>
                <li>
                  <div>
                    <span class="cat">ネコ科</span>
                    <ul>
                      <li>
                        <div id="felidae">
                          <span class="notcat">カラカル属</span>
                          <span class="notcat">オセロット属</span>
                          <span class="cat">ネコ属</span>
                          <span class="notcat">ピューマ属</span>
                          <span id="leopard" class="notcat">ヒョウ属</span>
                        </div>
                      </li>
                    </ul>
                  </div>
                </li>
              </ul>
            </li>
            <li>
              <div><span class="notcat">イヌ亜目</span></div>
            </li>
          </ul>
        </li>
      </ul>
    </div>

    <button class="button" id="button1" type="button" name="button">実行</button>
  </div>
  <div class="footer">
    <hr>
    <p class="copyright">2019 xxxx all rights reserved.</p>
  </div>
</div>
<script>
$(document).ready(function(){
  $('#button1').on('click', function() {
```

6

```
    $('#FamilyTreeDiv').find('.cat').css('backgroundColor','purple')
      .end().find('#leopard').css('backgroundColor','yellow');
  });
});
</script>
</body>
```

Point

メソッドチェーン

jQueryのメソッドの多くは、戻り値としてjQueryオブジェクトを返します。これを利用すると、jQueryオブジェクト内のメソッドを呼び出し、その戻り値であるjQueryオブジェクト内のメソッドを呼び出し…といった具合に、連続してさまざまなメソッドを実行可能になります。これが「メソッドチェーン」です。

```
$('セレクタ').find().css().end()…
```

メソッドチェーンを使うことで、少ない記述で複数の処理を行えますし、jQueryオブジェクトを生成するための負荷を抑えてスクリプトのパフォーマンスを高めることができます。

6.19 1つ前の状態のjQueryオブジェクトを結合する

▶書式

```
.addBack([ セレクタ ])
```

例

```
$('p').addBack()
```

➡解説

以前は.andSelf()メソッドが使われていましたが、jQuery 1.8で非推奨化、3.0で廃止されました。代わりに、jQuery 1.8で.addBack()が追加されています。.addBack()は、.end()と同様に、メソッドチェーンで活用できるメソッドです。`.addBack()`が実行される直前の状態のjQueryオブジェクトと、さらに1つ前の状態のjQueryオブジェクトを、1つの要素集合として新たなjQueryオブジェクトを返します。

SAMPLE

直前のフィルタ操作前の要素集合と現在の要素集合を合わせて背景色を塗る

```
<body>
<div class="main">
  <div class="header">
    <h1>jQueryポケットリファレンス</h1>
  </div>
  <div class="content">
    <div class="tree" id="FamilyTreeDiv">
      <ul>
        <li>
          <div><span class="cat">食肉目（ネコ目）</span></div>
          <ul>
            <li><div><span class="cat">ネコ亜目</span></div>
              <ul>
                <li>
                  <div>
                    <span class="cat">ネコ科</span>
                    <ul>
                      <li>
                        <div id="felidae">
                          <span class="notcat">カラカル属</span>
                          <span class="notcat">オセロット属</span>
                          <span id="cat" class="cat">ネコ属</span>
                          <span class="notcat">ピューマ属</span>
                          <span id="leopard" class="notcat">ヒョウ属</span>
                        </div>
                      </li>
                    </ul>
                  </div>
                </li>
              </ul>
            </li>
            <li>
              <div><span class="notcat">イヌ亜目</span></div>
```

```
            </li>
          </ul>
        </li>
      </ul>
    </div>

    <button class="button" id="button1" type="button" name="button">ネコ属、ネコ属以後を選択</button>
  </div>
  <div class="footer">
    <hr>
    <p class="copyright">2019 xxxx all rights reserved.</p>
  </div>
</div>
<script>
$(document).ready(function(){
  $('#button1').on('click', function() {
    $('#cat').nextAll().addBack().css('backgroundColor', 'red').css('color', 'white');
  });
});
</script>
</body>
```

■実行結果

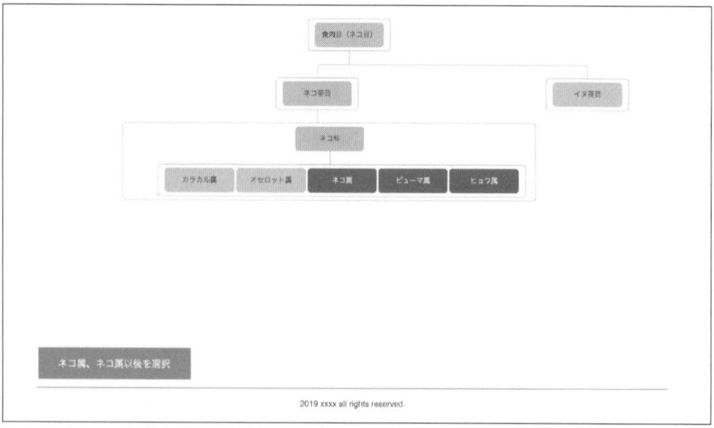

※.nextAll() メソッドはピューマ属とヒョウ属を返します。andBack() メソッドは、その前に選択されていたネコ属も合算して返します。

6.20 最初・最後の要素を抽出する

▶ 書式

```
.first()
.last()
```

例

```
$('p').first()
$('p').last()
```

➡ 解説

選択された要素集合から、first()は最初の要素を、last()は最後の要素を返します。

SAMPLE

最初・最後の要素を抽出する

```
<body>
<div class="main">
  <div class="header">
    <h1>jQueryポケットリファレンス</h1>
  </div>
  <div class="content">
    <p id="zero" class="sticky">0番目のP</p>
    <p id="one" class="sticky">1番目のP</p>
    <p id="two" class="sticky">2番目のP</p>
    <p id="three" class="sticky">3番目のP</p>
    <p id="four" class="sticky">4番目のP</p>
    <p id="five" class="sticky">5番目のP</p>
    <p id="six" class="sticky">6番目のP</p>
    <p id="seven" class="sticky">7番目のP</p>
    <button class="button" id="button1" type="button" name="button1">⏎
First</button>
    <button class="button" id="button2" type="button" name="button1">⏎
Last</button>
  </div>
  <div class="footer">
```

```
    <hr>
    <p class="copyright">2019 xxxx all rights reserved.</p>
  </div>
</div>
<script>
$(document).ready(function(){
  $('#button1').on('click', function() {
    $('.sticky').first().css('backgroundColor','blue').css('color', 'white');
  });
  $('#button2').on('click', function() {
    $('.sticky').last().css('backgroundColor','blue').css('color', 'white');
  });
});
</script>
</body>
```

■実行結果

6.21 前・次の要素を抽出する

▶書式

```
.prev()
.next()
```

例

```
$('p').prev()
$('p').next()
```


➡解説

選択された要素の、prev()は1つ前の要素を、next()は1つ後の要素を返します。

SAMPLE

前後の要素を抽出して幅を変更する

```
<body>
<div class="main">
  <div class="header">
    <h1>jQueryポケットリファレンス</h1>
  </div>
  <div class="content">
    <p id="zero" class="sticky4">0番目のP</p>
    <p id="one" class="sticky4">1番目のP</p>
    <p id="two" class="sticky4">2番目のP</p>
    <p id="three" class="sticky4">3番目のP</p>
    <p id="four" class="sticky4">4番目のP</p>
    <p id="five" class="sticky4">5番目のP</p>
    <p id="six" class="sticky4">6番目のP</p>
    <p id="seven" class="sticky4">7番目のP</p>
    <button class="button" id="button1" type="button" name="button1">↩
前</button>
    <button class="button" id="button2" type="button" name="button1">↩
次</button>
  </div>
  <div class="footer">
```

```
    <hr>
    <p class="copyright">2019 xxxx all rights reserved.</p>
  </div>
</div>
<script>
$(document).ready(function(){
  var cur = $('#six');
  cur.css('width', '500px');

  $('#button1').on('click', function() {
    cur.css('width', '400px');
    cur = cur.prev();
    cur.css('width', '500px');
  });
  $('#button2').on('click', function() {
    cur.css('width', '400px');
    cur = cur.next();
    cur.css('width', '500px');
  });
});
</script>
</body>
```

■実行結果

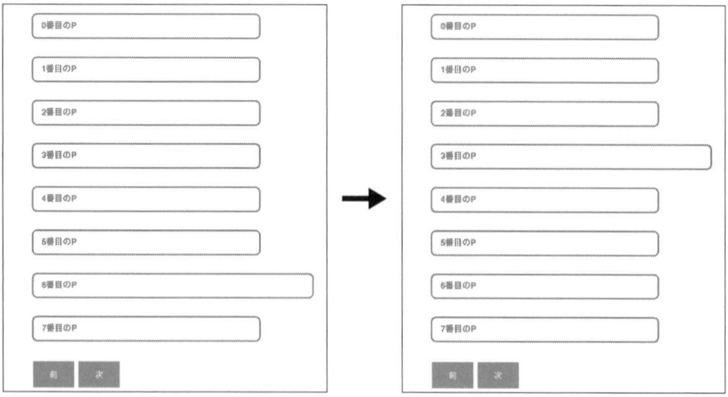

6.22 要素が条件にマッチするかチェックする

▶ 書式

```
.is( セレクタ )
.is( 要素 )
.is( 関数 )
```

例

```
$('#myelem').is(':first-child')
$('#myelem').is(function() {
  :
});
```


➡ 解説

対象となる要素集合のうち、1つでもis()で与えた引数の条件にマッチした場合、trueを返します。マッチしなければfalseを返します。他の走査系メソッドとは異なり、is()はjQueryオブジェクトを返さず、trueまたはfalseを返します。対象となるjQueryオブジェクトに対しては一切の変更を加えませんので、jQueryオブジェクトはそのままで要素を調べたいときに有用なメソッドです。

3番目の書式、コールバック関数を引数とする場合、コールバック関数の戻り値もtrueまたはfalseのブール値である必要があります。また、コールバック関数内では「this」で対象となる要素集合を参照できます。

SAMPLE

正しい解答（.correct）をクリックしたら「正解！」を表示する

```
<body>
<div class="main">
  <div class="header">
    <h1>jQueryポケットリファレンス</h1>
  </div>
  <div class="content">
    <h3>ネコに食べさせてはいけないものは？</h3>
    <p id="zero" class="sticky4">キャットフード</p>
    <p id="one" class="sticky4">さかな</p>
    <p id="two" class="sticky4">牛肉</p>
```

```
    <p id="three" class="correct sticky4">菓子パン</p>
    <p id="four" class="correct sticky4">たまねぎ</p>
    <p id="five" class="sticky4">猫草</p>

    <div class="desc"></div>
  </div>
  <div class="footer">
    <hr>
    <p class="copyright">2019 xxxx all rights reserved.</p>
  </div>
</div>
<script>
$(document).ready(function(){
  $('.sticky4').on('click', function() {
    $(this).css('backgroundColor', 'yellow');
    if ($(this).is('.correct')) {
      $('.desc').text('正解！');
    } else {
      $('.desc').text('不正解！');
    }
  });
});
</script>
</body>
```

■実行結果

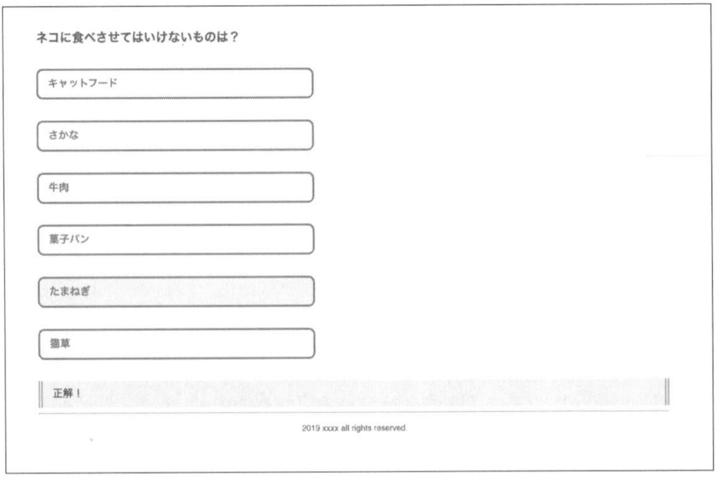

7

イベント操作

OVERVIEW

ユーザの操作に応じて処理を実行する

Webページ上では、ユーザはマウスを動かす、クリックする、キーボードのボタンを押す等々、さまざまな操作を行います。グラフィカルなユーザインターフェースを前提とするアプリケーションでは、プログラムはこれらのさまざまな操作「イベント」に対して、個別に処理を割り当てていく形で記述することになります。このような、イベントごとに割り当てられる処理プログラムを「イベントハンドラ」と呼びます。

jQueryでは、ユーザがブラウザ上で行う一般的な操作のほとんどが「イベント」としてカバーされていますので、「マウスクリックされたら、こうする」「キーが押されたら、こうする」といったインタラクティブな処理も、非常に簡単に記述できます。

7.1 イベントオブジェクト

細かいイベント処理の方法を紹介する前に、jQueryのイベント処理で重要な「イベントオブジェクト」について理解しておきましょう。イベントオブジェクトは、イベントの状態をイベントハンドラに正しく伝えること、また、イベントハンドラからブラウザの一部の動作を制御することなどが、その主な役割になります。まずは、簡単なイベントハンドラの例を見てみましょう。この例では、ボタンがクリックされると、「イベント=clickを検知しました」というアラート・ダイアログがポップアップします。

```
<body>
<div class="main">
  <div class="header">
    <h1>jQueryポケットリファレンス</h1>
  </div>
  <div class="content">
    <form>
      <button class="button" type="button" name="submit">ボタン</button>
    </form>
  </div>
  <div class="footer">
```

```
    <hr>
    <p class="copyright">2019 xxxx all rights reserved.</p>
  </div>
</div>
<script>
$(document).ready(function(){
  $('.button').on('click', function(e) {
    alert('イベント=' + e.type + 'を検知しました');
  });
});
</script>
</body>
```

■実行結果

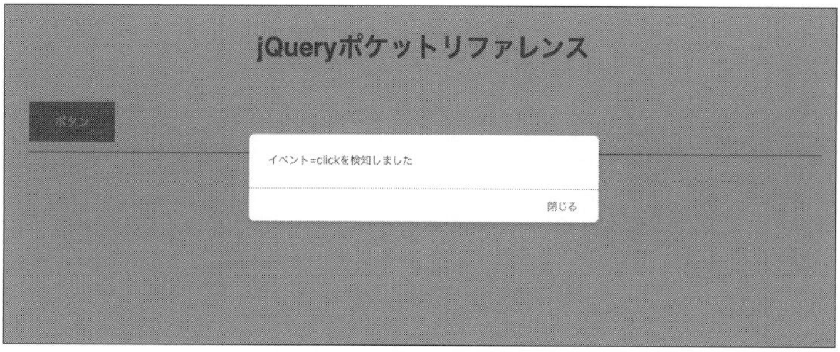

　ボタン要素のクリック時（「`$('.button').on('click')`」）に、関数による処理が割り当てられていますね。この関数が、「イベントハンドラ」です。イベントハンドラには、引数「`e`」として、イベントオブジェクトが渡されています。イベントオブジェクトには、イベントに関する情報があらかじめ含まれていますので、これを引数として渡すことで、イベントハンドラはその情報を使って、さまざまな処理を行えるのです。例えば上記の例では、アラートダイアログ内に「イベント＝」というメッセージに続けて「`e.type`」つまりイベントオブジェクトのtypeプロパティを出力しています。このプロパティには、イベントの種類、例えば`click()`イベントなら「click」という文字列が格納されています。

　もうひとつ、JavaScriptのイベント処理には、知っておくべき重要な点があります。「イベントバブリング」と呼ばれる、イベントが「伝播」する仕組みです。JavaScriptでは、DOMの子要素で発生したイベントは、DOMの階層を伝わり、親要素へ、またその親要素へ、と伝播していきます。「バブリング（bubbling）」とは、水の深いところから沸き上がってくる泡のようにイベントが伝わってくる様子を表しているわけですね。

▼図7.1　イベントバブリング

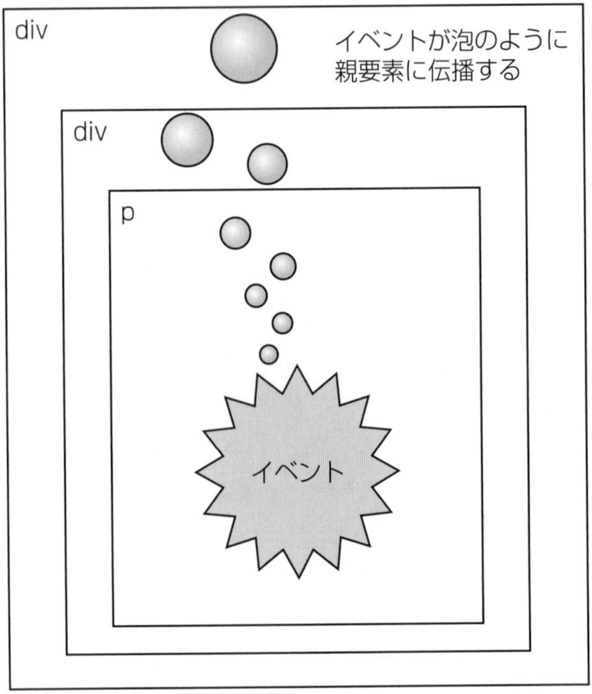

イベントバブリングは、1つのイベントによって複数のイベントハンドラを連鎖的に動かしたり、逆に、イベントハンドラ内でイベントの伝播を止めたりといった制御が可能です。これらの処理も、イベントオブジェクト内のプロパティやメソッドを使って行えるのです。

まずは、jQueryのイベントオブジェクトが提供するプロパティ、メソッドについて紹介していくことにしましょう。

▼表7.1　イベントオブジェクトのプロパティ一覧

プロパティ	説明
event.currentTarget	イベントバブリング時における、現在のDOM要素
event.data	イベントとイベントハンドラに割り当てられた付加データ
event.delegateTarget	イベントハンドラが割り当てられていた元の要素
event.metaKey	イベントが発生したときに、キーボードのメタキー(Macの⌘キー、Windowsの⊞キー)が押されていたかをtrueまたはfalseで持つ
event.namespace	イベントが発生した時点の、イベントの割り当てられているネームスペース
event.pageX	マウスカーソルのX座標位置(ドキュメントの左端からの距離)。mousemove等のイベントで有効
event.pageY	マウスカーソルのY座標位置(ドキュメントの上端からの距離)。mousemove等のイベントで有効
event.relatedTarget	イベントに関連するDOM要素。mouseoutイベントやmouseenterイベント等、あるDOM要素から別のDOM要素にマウスが移動した場合に、currentTargetとは別のDOM要素が格納される
event.result	ある1つのイベントに対し、最後に実行されたイベントハンドラの戻り値が格納される
event.target	イベントの発生時点のDOM要素
event.timeStamp	イベントの発生時点のタイムスタンプ
event.type	イベントの種類
event.which	キーイベント、ボタンイベントで、押されたキーやボタンの情報が格納される

7.2 イベントオブジェクトのメソッド群

▶ 書式

```
e.preventDefault()
e.isDefaultPrevented()
e.stopPropagation()
e.stopImmediatePropagation()
e.isPropagationStopped()
e.isImmediatePropagationStopped()
```

➡解 説

イベントハンドラ内でe.preventDefault()メソッドがコールされた場合、イベントのデフォルトの動作はキャンセルされます。例えば、<a href=...>によるアンカータグをクリックしたとき、通常ならば指定されたURLにブラウザの画面は遷移します。e.preventDefault()は、この画面の遷移をキャンセルし、イベントハンドラの処理だけを実行したいときに便利です。

isDefaultPrevented()メソッドは、preventDefault()が実行済みかどうかをtrueまたはfalseで返します。

stopPropagation()メソッドは、イベントバブリングによって親要素にイベントが伝播することを停止します。stopImmediatePropagation()メソッドも同様に親要素への伝播を停止します。この2つのメソッドの違いは、stopPropagation()が「親要素」への伝播は中止しても、同一要素に割り当てられたイベントハンドラを中止しないのに対し、stopImmediatePropagation()は同一要素に対するイベントハンドラも中止し、そこでイベント処理を完全に停止することです。

isPropagationStopped() と isImmediatePropagationStopped() は、それぞれstopPropagation()、stopImmediatePropagation()がコール済みかどうかをtrueまたはfalseで返します。

SAMPLE

イベントのデフォルトの動作とバブリングを抑制する

```
<body>
<div class="main">
  <div class="header">
    <h1>jQueryポケットリファレンス</h1>
  </div>
  <div class="content">
    <p class="desc"><a href="https://example.com/">クリックしてくださ↙
い</a>
  </div>
  <div class="footer">
    <hr>
    <p class="copyright">2019 xxxx all rights reserved.</p>
  </div>
</div>
<script>
```

```
$(document).ready(function(){
  $('a').on('click', function(e) {
    alert('リンクがクリックされました ');
    e.preventDefault();
    e.stopPropagation();
  });
});
</script>
</body>
```

■実行結果

7.3 マウスクリック

▶書式

```
$( 対象要素 ).on('click', function(e) { 処理... });
$( 対象要素 ).trigger('click');
$( 対象要素 ).click();
```

例

```
$('#button').on('click', function(e) {
  alert('clicked');
});
$('a').trigger('click');
$('a').click();
```

➡解 説

jQuery 1.7で.on()メソッドが追加され、イベントとイベントハンドラを結び付ける処理はこの「.on()」を使うことが推奨されるようになりました。.on()の第1引数に「click」を指定することで、マウスのクリックをトリガーとしてイベントが起動します。

クリックイベントは、厳密に言うと「マウスカーソルが対象要素の上にあり、ボタンが押され、離されたとき」に発生します。対象となるHTML要素には制限はなく、どの要素にでもclick()イベントハンドラを結び付けられます。

引数なしの.click()メソッドは、「trigger('click')」の短縮形です。こちらは、ユーザの操作にかかわらず強制的にクリックイベントを発生させます。

SAMPLE

(1) リンクをクリックしたらアラートを表示し、画面遷移はキャンセルする

```
<body>
<div class="main">
  <div class="header">
    <h1>jQueryポケットリファレンス</h1>
  </div>
  <div class="content">
    <p class="desc"><a href="https://example.com/">クリックしてくださ↲
い</a>
  </div>
  <div class="footer">
    <hr>
    <p class="copyright">2019 xxxx all rights reserved.</p>
  </div>
</div>
<script>
$(document).ready(function(){
  $('a').on('click', function(e) {
    alert('リンクがクリックされました ');
    e.preventDefault();
    e.stopPropagation();
  });
});
</script>
</body>
```

(2) ドキュメントのロードと同時に、clickイベントを発生させる

```
<body>
<div class="main">
  <div class="header">
    <h1>jQueryポケットリファレンス</h1>
  </div>
  <div class="content">
    <div class="sticky">
      <p>冷蔵庫の賞味期限を確認する</p>
    </div>
    <div class="sticky">
      <p>ネコにごはんをあげる</p>
    </div>
    <div class="sticky">
      <p>コートをクリーニングに出す</p>
    </div>
    <div class="sticky">
      <p>おばあちゃんに電話する</p>
    </div>
  </div>
  <div class="footer">
    <hr>
    <p class="copyright">2019 xxxx all rights reserved.</p>
  </div>
</div>
<script>
$(document).ready(function(){
  $('.sticky').on('click', function(){
    $(this).removeClass('sticky');
    $(this).addClass('sticky3');
  });

  $('.sticky:first').trigger('click');
  $('.sticky:last').trigger('click');
});
</script>
</body>
```

■実行結果

7.4 ダブルクリック

▶書式

```
$( 対象要素 ).on('dblclick', function(e) { 処理... });
$( 対象要素 ).trigger('dblclick')
$( 対象要素 ).dblclick()
```

例

```
$('p').on('dblclick', function(e) {
  alert('click click!');
});
$('a').trigger('dblclick');
$('a').dblclick();
```

➡解説

「on('dblclick', **イベントハンドラ**)」は、マウスのダブルクリックをトリガーとしてイベントが起動します。対象となるHTML要素には制限はなく、どの要素にでもdblclickイベントハンドラを結び付けられます。

引数なしの.dblclick()メソッドは、「trigger('dblclick')」の短縮形です。こちらは、ユーザの操作にかかわらず、強制的にダブルクリックイベントを発生させます。

SAMPLE

ダブルクリックで、イベント発生源の要素の背景色を変える

```
<body>
<div class="main">
  <div class="header">
    <h1>jQueryポケットリファレンス</h1>
  </div>
  <div class="content">
    <div class="sticky">
      <p>冷蔵庫の賞味期限を確認する</p>
    </div>
    <div class="sticky">
      <p>ネコにごはんをあげる</p>
    </div>
    <div class="sticky">
      <p>コートをクリーニングに出す</p>
    </div>
    <div class="sticky">
      <p>おばあちゃんに電話する</p>
    </div>
  </div>
  <div class="footer">
    <hr>
    <p class="copyright">2019 xxxx all rights reserved.</p>
  </div>
</div>
<script>
$(document).ready(function(){
  $('.sticky').on('dblclick', function(e){
    $(e.currentTarget).css('backgroundColor', '#98FB98');
  });
});
</script>
</body>
```

7.5 マウスの移動

▶書式

```
$( 対象要素 ).on('mousemove', function(e) { 処理... });
$( 対象要素 ).trigger('mousemove')
$( 対象要素 ).mousemove()
```

例

```
$('p').mousemove(function(e) {
  $('p').text('pageX=' + e.pageX + ' pageY=' + e.pageY);
});
$('p').trigger('mousemove')
$('p').mousemove();
```

➡解説

mousemove()は、マウスカーソルの移動をトリガーとしてイベントが起動します。対象となるHTML要素には制限はなく、どの要素にでもmousemove()イベントハンドラを結び付けられます。

引数なしの.mousemove()メソッドは、「trigger('mousemove')」の短縮形です。こちらは、ユーザの操作にかかわらず、強制的にmousemoveイベントを発生させます。ただし、実際にマウスカーソルが移動することも、イベントオブジェクトに座標位置が返されることもありません。e.pageXやe.pageYの値を取得しようとしても、「undefined」が返りますので注意してください。

SAMPLE

マウスの移動でカーソル座標を表示

```
<body>
<div class="main">
  <div class="header">
    <h1>jQueryポケットリファレンス</h1>
  </div>
  <div class="content">
    <h3>マウスの遊び場</h3>
    <p class="mouseground"></p>
```

```
  </div>
  <div class="footer">
    <hr>
    <p class="copyright">2019 xxxx all rights reserved.</p>
  </div>
</div>
<script>
$(document).ready(function(){
  $('.mouseground').on('mousemove', function(e) {
    $(e.currentTarget).text('pageX=' + e.pageX + ' pageY=' + e.pageY);
  });
});
</script>
</body>
```


■実行結果

7.6 マウスボタンを押す・離す

▶書式

```
$( 対象要素 ).on('mousedown', function(e) { 処理... });
$( 対象要素 ).on('mouseup', function(e) { 処理... });
$( 対象要素 ).trigger('mousedown')
$( 対象要素 ).trigger('mouseup')
$( 対象要素 ).mousedown()
$( 対象要素 ).mouseup()
```

例

```
$('p').mousedown(function(e) { ... });
$('p').mouseup(function(e) { ... });
$('p').trigger('mousedown')
$('p').trigger('mouseup')
$('p').mousedown()
$('p').mouseup()
```

解説

mousedown()は、マウスボタンを押すとイベントが発生します。押されたボタンに応じて、左なら1、中央は2、右は3が、e.whichプロパティに返されます。反対に、mouseup()はマウスボタンを離すとイベントが発生します。mousedown()とmouseup()を使うと、ドラッグ&ドロップやコンテクストメニューのような、高度な処理も記述できます。対象となるHTML要素には制限はなく、どの要素にでも、イベントハンドラを結び付けられます。

引数なしの.mousedown()、.mouseup()メソッドは、それぞれ「trigger('mousedown')」「trigger('mouseup')」の短縮形で、これらのイベントをスクリプトからキックしたいときに使用できます。

SAMPLE

マウスボタンを押す・離す操作を検知する

```
<body>
<div class="main">
```

```
  <div class="header">
    <h1>jQueryポケットリファレンス</h1>
  </div>
  <div class="content">
    <h3>マウスの遊び場</h3>
    <p class="mouseground"></p>
  </div>
  <div class="footer">
    <hr>
    <p class="copyright">2019 xxxx all rights reserved.</p>
  </div>
</div>
<script>
$(document).ready(function(){
  $('.mouseground').on('mousemove', function(e) {
    $(e.currentTarget).text('pageX=' + e.pageX + ' pageY=' + e.pageY);
  });
  $('.mouseground').on('mousedown', function(e) {
    $(e.currentTarget).text('チュー！');
  });
  $('.mouseground').on('mouseup', function(e) {
    $(e.currentTarget).text('ちゅ？');
  });
});
</script>
</body>
```


■実行結果

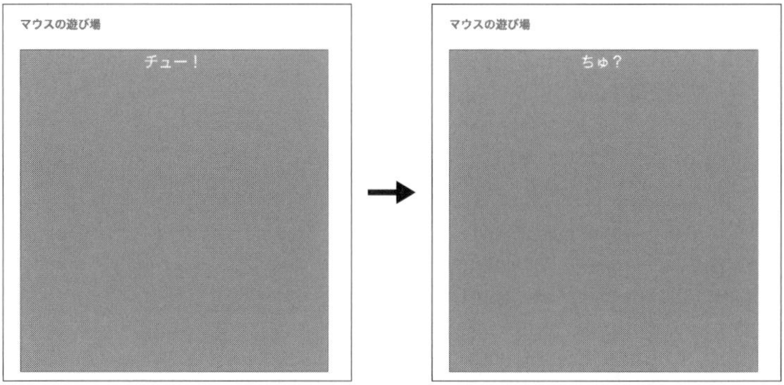

7.7 マウスカーソルの要素への出入り

▶書式

```
$( 対象要素 ).on('mouseover', function(e) { 処理... });
$( 対象要素 ).on('mouseout', function(e) { 処理... });
$( 対象要素 ).on('mouseenter', function(e) { 処理... });
$( 対象要素 ).on('mouseleave', function(e) { 処理... });
$( 対象要素 ).trigger('mouseover')
$( 対象要素 ).trigger('mouseout')
$( 対象要素 ).trigger('mouseenter')
$( 対象要素 ).trigger('mouseleave')
$( 対象要素 ).mouseover()
$( 対象要素 ).mouseout()
$( 対象要素 ).mouseenter()
$( 対象要素 ).mouseleave()
```

例

```
$('p').mouseover(function(e) {
  alert('mouse over');
});
$('p').mouseout(function(e) {
  alert('mouse out');
});
$('p').mouseenter(function(e) {
  alert('mouse enter');
});
$('p').mouseleave(function(e) {
  alert('mouse leave');
});

$('div').trigger('mouseover');
$('div').trigger('mouseout');
$('div').trigger('mouseenter');
$('div').trigger('mouseleave');

$('div').mouseover();
```

```
$('div').mouseout();
$('div').mouseenter();
$('div').mouseleave();
```

➡解説

mouseover()とmouseenter()イベントは、要素にマウスカーソルが入ったときに発生します。同様に、マウスカーソルが要素から出たとき、mouseout()、mouseleave()イベントが発生します。

mouseover()とmouseenter()、mouseout()とmouseleave()の違いは、共に要素の関係とイベントバブリングに関するものです。それぞれの前者は要素同士の親子関係を考慮しませんが、後者は親子関係に基づいてイベントの発生を制御します。

例えば要素Ａと要素Ｂが親子関係にあった場合、ＡからＢ、ＢからＡへのカーソルの移動時に常にmouseover()、mouseenter()イベントハンドラがコールされます。一方、子である要素Ｂから要素Ａへのカーソルの移動時、要素Ａのmouseenter()イベントは発生しません。親である要素Ａから子の要素Ｂへの移動時も、要素Ａのmouseleave()イベントは発生しません。

対象となるHTML要素には制限はなく、どの要素にでも、これらのイベントハンドラを結び付けられます。

引数なしのメソッドは、それぞれ「trigger('mouseover')」「trigger('mouseout')」「trigger('mouseenter')」「trigger('mouseleave')」の短縮形です。

SAMPLE

(1) マウスの出入を検出する（enter/leave）

```
<body>
<div class="main">
  <div class="header">
    <h1>jQueryポケットリファレンス</h1>
  </div>
  <div class="content">
    <h3>マウスの遊び場</h3>
    <div class="mouseground">
      <p>マウスの檻</p>
      <div class="mousecage"></div>
```

```
    </div>
  </div>
  <div class="desc"></div>
  <div class="footer">
    <hr>
    <p class="copyright">2019 xxxx all rights reserved.</p>
  </div>
</div>
<script>
$(document).ready(function(){
  $('.mouseground')
  .on('mouseenter', function(){
    $('.desc').append('遊びに来たよ！<br>');
  })
  .on('mouseleave', function(){
    $('.desc').append('帰るよ！<br>');
  });

  $('.mousecage')
  .on('mouseenter', function(e){
    $('.desc').append('捕まった！<br>');
  })
  .on('mouseleave', function(e){
    $('.desc').append('逃げた！<br>');
  });
});
</script>
</body>
```

■実行結果

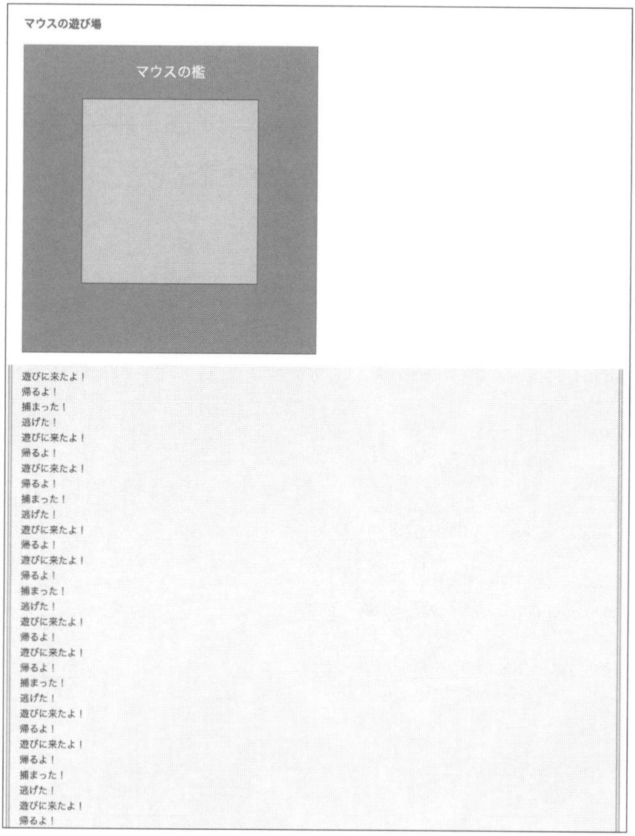

(2) マウスの出入を検出する (over/out)

```
<body>
<div class="main">
  <div class="header">
    <h1>jQueryポケットリファレンス</h1>
  </div>
  <div class="content">
    <h3>マウスの遊び場</h3>
    <div class="mouseground">
      <p>マウスの檻</p>
```

```
      <div class="mousecage"></div>
    </div>
  </div>
  <div class="desc"></div>
  <div class="footer">
    <hr>
    <p class="copyright">2019 xxxx all rights reserved.</p>
  </div>
</div>
<script>
$(document).ready(function(){
  $('.mouseground')
  .on('mouseover', function(){
    $('.desc').append('遊びに来たよ！<br>');
  })
  .on('mouseout', function(){
    $('.desc').append('帰るよ！<br>');
  });

  $('.mousecage')
  .on('mouseover', function(e){
    $('.desc').append('捕まった！<br>');
  })
  .on('mouseout', function(e){
    $('.desc').append('逃げた！<br>');
  });
});
</script>
</body>
```

■実行結果

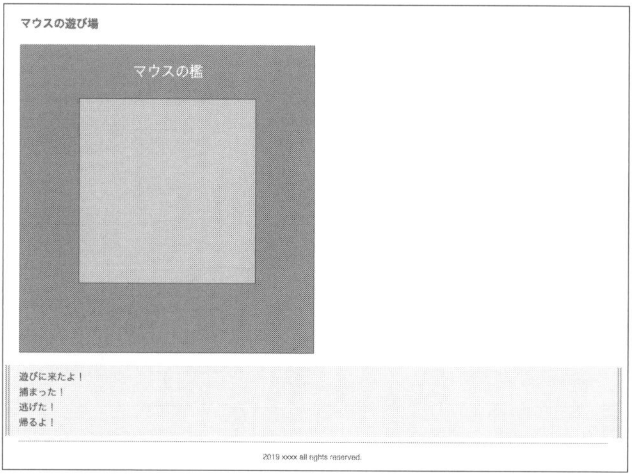

7.8 マウスカーソルの出入りに応じ、それぞれの処理を実行する

▶書式

```
$( 対象要素 ).hover(function(e) { 入る処理 }, ⏎
function(e) { 出る処理 })
$( 対象要素 ).hover(function(e) { 出入共通の処理 })
```

例

```
$('p').hover(
function(e) {
  alert('mouse in');
},
function(e) {
  alert('mouse out');
});
```

➡解説

.hover()メソッドは、.mouseenter()と.mouseleave()を1つの書式に

まとめたものです。.on() メソッドで「.on('hover'...」と記述することはできませんので、hoverをonで書きたいときはmouseenterとmouseleaveを使いましょう。

SAMPLE

.hover() メソッドでマウスの出入りを検出する

```
<body>
<div class="main">
  <div class="header">
    <h1>jQueryポケットリファレンス</h1>
  </div>
  <div class="content">
    <h3>マウスの遊び場</h3>
    <div class="mouseground">
      <p>マウスの檻</p>
      <div class="mousecage"></div>
    </div>
  </div>
  <div class="desc"></div>
  <div class="footer">
    <hr>
    <p class="copyright">2019 xxxx all rights reserved.</p>
  </div>
</div>
<script>
$(document).ready(function(){
  $('.mousecage').hover(
    function(e) {
      $('.desc').append('捕まった〜');
    },
    function(e) {
      $('.desc').append('逃げた〜');
    }
  );
});
</script>
</body>
```

7.9 フォーカスの移動

▶書式

```
$( 対象要素 ).on('focus', イベントハンドラ )
$( 対象要素 ).on('blur', イベントハンドラ )
$( 対象要素 ).on('focusin', イベントハンドラ )
$( 対象要素 ).on('focusout', イベントハンドラ )

$( 対象要素 ).trigger('focus')
$( 対象要素 ).trigger('blur')

$( 対象要素 ).focus()
$( 対象要素 ).blur()
```

例

```
$('input').on('focus', function(e) {
  alert('focus');
});

$('input').on('blur', function(e) {
  alert('blur');
});

$('input').on('focusin', function(e) {
  alert('focusin');
});

$('input').on('focusout', function(e) {
  alert('focusout');
});

$('input').trigger('focus')
$('input').trigger('blur')

$('input').focus();
$('input').blur();
```

7

➡解説

.focus()および、.focusin()イベントハンドラは、要素にフォーカスが移ったときにコールされます。同様に、.blur()および.focusout()イベントハンドラは、要素からフォーカスが外れたときにコールされます。これらのイベントは、キー操作でもマウス操作でも発生します。

.focus()と.focusin()の違い、.blur()と.focusout()の違いは、イベントバブリングに関連するものです。.focus()と.blur()はバブリングしませんので、子要素でフォーカスが移動しても親要素へは伝播しませんが、.focusin()、.focusout()はバブリングをサポートします。

引数なしの.focus()、.blur()では、条件にマッチした要素に対し、フォーカスを移動する、またはフォーカスを外せます。

SAMPLE

フォーカスの出入を検出する

```
<body>
<div class="main">
  <div class="header">
    <h1>jQueryポケットリファレンス</h1>
  </div>
  <div class="content">
    <form>
      姓<br><input class="form-input" type="text" name="lastname"><br>
      名<br><input class="form-input" type="text" name="firstname"><br>
      メールアドレス<br><input class="form-input" type="text" name=⏎
"email"><br>
      電話番号<br><input class="form-input" type="text" name="phone"><br>
      職業<br>
      <select multiple class="form-input" name="job">
        <option value="">----選択してください----</option>
        <option value="employee">会社員</option>
        <option value="self-employed">自営業</option>
        <option value="student">学生</option>
        <option value="homemaker">主婦・主夫</option>
      </select><br>
      <button class="button" type="button" name="submit">送信</button>
    </form>
    <div class="desc"></div>
  </div>
```

```
  <div class="footer">
    <hr>
    <p class="copyright">2019 xxxx all rights reserved.</p>
  </div>
</div>
<script>
$(document).ready(function(){
  $('input').on('focusin', function(e) {
    $('.desc').append(e.currentTarget.name + 'にフォーカスが移りました！<br>');
  });
  $('input').on('focusout', function(e) {
    $('.desc').append(e.currentTarget.name + 'からフォーカスが出ました！<br>');
  });
});
</script>
</body>
```


■実行結果

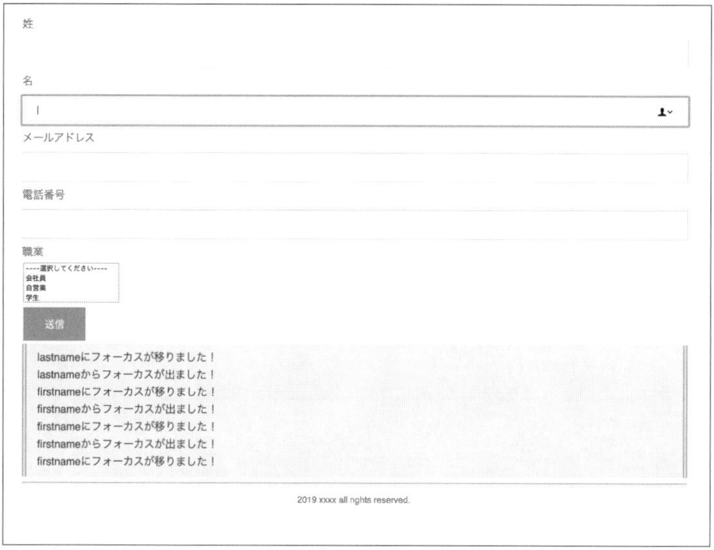

7.10 キーを押す・離す

▶書式

```
$( 対象要素 ).on('keydown', イベントハンドラ )
$( 対象要素 ).on('keypress', イベントハンドラ )
$( 対象要素 ).on('keyup', イベントハンドラ )

$( 対象要素 ).trigger('keydown')

$( 対象要素 ).keydown()
$( 対象要素 ).keypress()
$( 対象要素 ).keyup()
```

例

```
$('input').keydown(function(e) {
  alert(e.which);
});

$('input').keypress(function(e) {
  alert(e.which);
});

$('input').keyup(function(e) {
  alert(e.which);
});

$('input').keydown()
$('input').keypress()
$('input').keyup()
```

解説

keydown()とkeypress()は、共にキーの押下で発生するイベントです。両者が異なる点は、keydown()がe.whichの情報として「キーコード」を取得するのに対し、keypress()が入力された文字の「文字コード」を取得することです。例えば[A]のキーを押した場合、keydown()はキーコード「65」

を返しますが、keypress()は文字コード「97」を返します。大文字の'A'を入力した場合、keydown()は'a'と同じく「65」、keypress()も「65」を返します。つまり、「どのキーが押されたか」を判断したい場合はkeydown()、「どの文字が入力されたか」を判断したい場合はkeypress()、といった区別になるでしょう。

keyup()はkeydown()の反対で、押されたキーを離したときに発生します。返されるコードも、keydown()と同様です。

なお、Shift等の修飾キー押下時、keyup()およびkeydown()は発生しますが、keypress()は発生しません。

日本語入力時に関しては、これらのイベントの動作は統一されていません。Webブラウザによって実装が大きく異なりますので注意しましょう。

SAMPLE

キーを押す／離すでコードを返す

```
<body>
<div class="main">
  <div class="header">
    <h1>jQueryポケットリファレンス</h1>
  </div>
  <div class="content">
    <form>
      姓<br><input class="form-input" type="text" name="lastname"><br>
      名<br><input class="form-input" type="text" name="firstname"><br>
      メールアドレス<br><input class="form-input" type="text" name=
"email"><br>
      電話番号<br><input class="form-input" type="text" name="phone"><br>
      <button class="button" type="button" name="submit">送信</button>
    </form>
    <div class="desc"></div>

  </div>
  <div class="footer">
    <hr>
    <p class="copyright">2019 xxxx all rights reserved.</p>
  </div>
</div>
<script>
$(document).ready(function(){
  $('input').on('keypress',
```

```
 function(e) {
  $('.desc').append('Key: ' + e.which + ' がPressされた.<br>');
 });
 $('input').on('keydown',
 function(e) {
  $('.desc').append('Key: ' + e.which + ' がDownされた.<br>');
 });
 $('input').on('keyup',
 function(e) {
  $('.desc').append('Key: ' + e.which + ' がUpされた.<br>');
 });
});
</script>
</body>
```

■実行結果

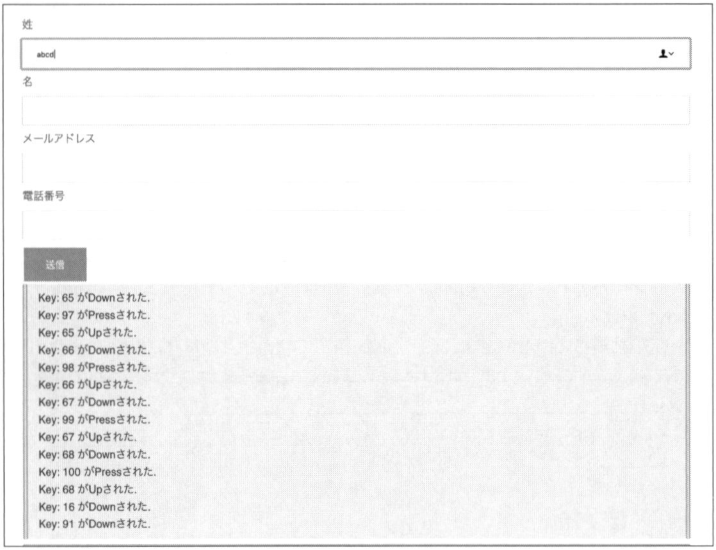

7.11 フォーム要素の変更時イベント

▶ 書式

```
$( 対象要素 ).on('change', イベントハンドラ )
$( 対象要素 ).trigger('change')
$( 対象要素 ).change()
```

例

```
$('input').on('change', function(e) {
  alert('change');
});
$('input').trigger('change');
$('input').change();
```


解説

input, textarea, selectの各要素に対し、値の変更が起きたときに発生するイベントです。厳密には、イベント発生のタイミングは要素の種類によって異なります。select要素だけ、マウスで選択を行ったと同時にイベントが発生しますが、他の要素ではフォーカスを失った時点でイベントが発生します。

引数なしの.change()メソッドは、スクリプトからchange()イベントを強制的に発生させます。

なお、jQuery 1.4以降、changeイベントはInternet Explorer含む各ブラウザでイベントバブリングに対応しています。子要素で起きた変更は親要素にも伝播しますので注意してください。

また、.val()メソッドでフォーム要素の値を変更したときは、changeイベントは発生しません。

SAMPLE

すべてのフォーム要素のchangeイベントを検出し、要素の値を表示する

```
<body>
<div class="main">
  <div class="header">
    <h1>jQueryポケットリファレンス</h1>
```

```
  </div>
  <div class="content">
    <form>
    姓<br><input class="form-input" type="text" name="lastname"><br>
    名<br><input class="form-input" type="text" name="firstname"><br>
    メールアドレス<br><input class="form-input" type="text" name="email"><br>
    電話番号<br><input class="form-input" type="text" name="phone"><br>
    職業<br>
    <select multiple class="form-input" name="job">
      <option value="">----選択してください----</option>
      <option value="employee">会社員</option>
      <option value="self-employed">自営業</option>
      <option value="student">学生</option>
      <option value="homemaker">主婦・主夫</option>
    </select><br>
    <button class="button" type="button" name="submit">送信</button>
    </form>
    <div class="desc"></div>
  </div>
  <div class="footer">
    <hr>
    <p class="copyright">2019 xxxx all rights reserved.</p>
  </div>
</div>
<script>
$(document).ready(function(){
  $('input,select').on('change', function(e) {
    $('.desc').append($(e.target).val() + '<br>');
  });
});
</script>
</body>
```

■実行結果

7.12 テキストの選択

▶書式

```
$( 対象要素 ).on('select', イベントハンドラ )
$( 対象要素 ).trigger('select')
$( 対象要素 ).select()
```

例

```
$('input').select(function(e) {
  alert('select');
});

$('input').trigger('select');

$('input').select();
```

➡解説

input type="text" と textarea に限定のイベントです。このイベントは、要素中のテキストが選択されたとき、または選択範囲を変更したときに発生します。

返されるイベントオブジェクト (e) からは、

- e.target.selectionStart … 選択範囲の開始位置
- e.target.selectionEnd … 選択範囲の終了位置
- e.target.selectionDirection … 選択の方向

を取得できます。selectionDirectionはキーボードで選択した場合にforwardおよびbackwardが返りますが、マウスで選択した場合はnoneが返ります。

ただし、これらの値はブラウザによって異なることもありますので、必要に応じて検証を行うようにしましょう。

SAMPLE

テキスト選択を検出する

```
<body>
<div class="main">
  <div class="header">
    <h1>jQueryポケットリファレンス</h1>
  </div>
  <div class="content">
    <form>
      レビュー<br>
      <textarea class="form-input" rows="10" cols="50">
あいうえお
かきくけこ
さしすせそ
      </textarea><br>
      <button class="button" type="button" name="submit">送信</button>
    </form>
    <div class="desc"></div>
  </div>
  <div class="footer">
    <hr>
    <p class="copyright">2019 xxxx all rights reserved.</p>
  </div>
</div>
<script>
```

```
$(document).ready(function(){
  $(document).ready(function(){
    $('textarea').on('select', function(e) {
      $('.desc').html(e.target.selectionStart + '文字目から'
        + e.target.selectionEnd + '文字目を'
        + e.target.selectionDirection + '方向に選択しました');
    });
  });
});
</script>
</body>
```

7.13 フォーム送信のイベント

▶書式

```
$( 対象要素 ).on('submit', イベントハンドラ )
$( 対象要素 ).trigger('submit')
$( 対象要素 ).submit()
```

例

```
$('form').submit(function(e) {
  alert('submit');
});

$('form').trigger('submit');

$('form').submit();
```

➡解説

フォームの送信時に発生します。引数なしのsubmit()メソッドとtrigger('submit')は、フォームの送信をスクリプトから実行します。

SAMPLE

送信時に確認ダイアログを表示する

```
<body>
<div class="main">
  <div class="header">
    <h1>jQueryポケットリファレンス</h1>
  </div>
  <div class="content">
    <form action="" method="get">
      姓<br><input class="form-input" type="text" name="lastname"><br>
      名<br><input class="form-input" type="text" name="firstname"><br>
      メールアドレス<br><input class="form-input" type="text" name=
"email"><br>
      電話番号<br><input class="form-input" type="text" name="phone"><br>
      職業<br>
      <select multiple class="form-input" name="job">
        <option value="">----選択してください----</option>
        <option value="employee">会社員</option>
        <option value="self-employed">自営業</option>
        <option value="student">学生</option>
        <option value="homemaker">主婦・主夫</option>
      </select><br>
      <button class="button" type="submit" name="submit">送信</button>
    </form>
    <div class="desc"></div>
  </div>
  <div class="footer">
    <hr>
    <p class="copyright">2019 xxxx all rights reserved.</p>
  </div>
</div>
<script>
$(document).ready(function(){
  $('form').on('submit', function(e) {
    if (!confirm('送信しますか？')) {
      e.preventDefault();
    }
  });
});
</script>
</body>
```

■実行結果

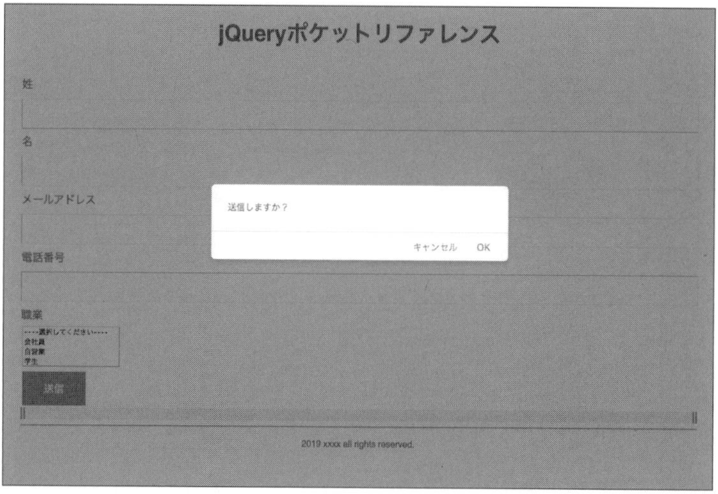

7.14 ブラウザウィンドウのリサイズを検出する

▶書式

```
$(window).on('resize', イベントハンドラ )
$(window).trigger('resize')
$(window).resize()
```

例

```
$(window).resize(function(e) {
  alert('resize');
});
$(window).trigger('resize');
$(window).resize();
```

解説

ブラウザウィンドウのサイズを変更すると発生するイベントで、対象はwindow要素だけです。

このメソッドは、ブラウザによって動作が異なる場合があることに注意しましょう。Internet ExplorerやSafari、Google Chrome等では、リサイズ操作の間、連続的に何度もイベントが発生しますが、Opera等ではバージョンによって完全にリサイズが完了したときに1度だけイベントが発生する場合があります。

trigger('resize')、引数なしのresize()では、リサイズのイベントをスクリプトから発生させます。

SAMPLE

ウィンドウのリサイズを検出する、ボタンを押したらリサイズイベントを発生させる

```
<body>
<div class="main">
  <div class="header">
    <h1>jQueryポケットリファレンス</h1>
  </div>
  <div class="content">
    <div class="desc"></div>
    <button class="button" type="button">リサイズ</button>
  </div>
  <div class="footer">
    <hr>
    <p class="copyright">2019 xxxx all rights reserved.</p>
  </div>
</div>
<script>
$(document).ready(function(){
  $(window).on('resize', function(e) {
    $('.desc').html('リサイズされました<br>ウィンドウの幅は'
      + $(window).width()
      + '<br>ウィンドウの高さは'
      + $(window).height());
  });

  $('.button').on('click', function(e) {
    $(window).trigger('resize');
  });
});
</script>
</body>
```

7.15 スクロールを検出する

▶書式

```
$( 対象要素 ).on('scroll', イベントハンドラ )
$( 対象要素 ).trigger('scroll')
$( 対象要素 ).scroll()
```

例

```
$('div').scroll(function(e) {
  alert('scroll');
});
$('div').trigger('scroll');
$('div').scroll();
```

7

➡解説

　このイベントは、ブラウザ上のスクロールで発生します。window要素だけでなく、フレームや、CSSでoverflow:scrollもしくはoverflow:autoが設定された要素も対象になります。

SAMPLE

スクロールイベントを検出する

```
<body>
<div class="main">
  <div class="header">
    <h1>jQueryポケットリファレンス</h1>
  </div>
  <div class="content">
    <div class="poem">
寿限無、寿限無<br>
五劫の擦り切れ<br>
海砂利水魚の<br>
水行末 雲来末 風来末<br>
食う寝る処に住む処<br>
やぶら小路の藪柑子<br>
パイポパイポ パイポのシューリンガン<br>
シューリンガンのグーリンダイ<br>
```

```
グーリンダイのポンポコピーのポンポコナーの<br>
長久命の長助
    </div>
    <div class="desc"></div>
  </div>
  <div class="footer">
    <hr>
    <p class="copyright">2019 xxxx all rights reserved.</p>
  </div>
</div>
<script>
$(document).ready(function(){
  $('.poem').on('scroll', function(e) {
    $('.desc').append('スクロールしました<br>');
  });
});
</script>
</body>
```

■実行結果

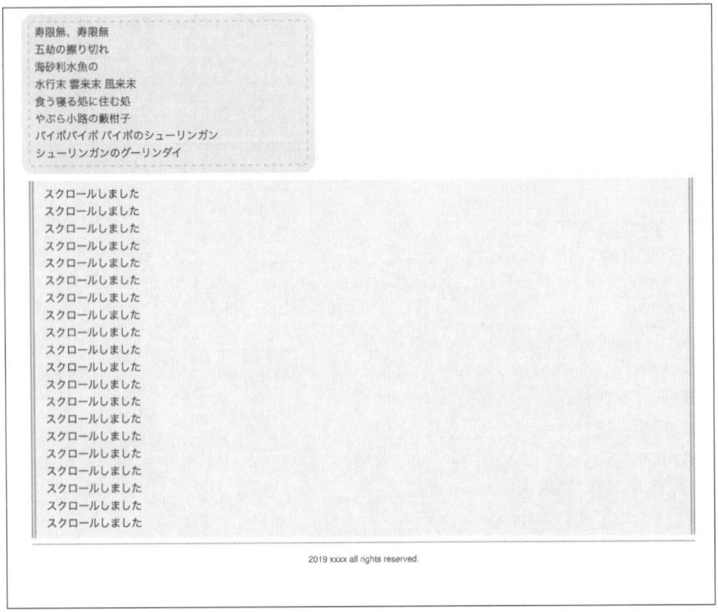

7.16 イベントにイベントハンドラを割り当てる

▶書式

```
$( 対象要素 ).on( イベントタイプ , [ セレクタ ], [ データ ], [ イベントハンドラ ])
```

例

```
$('table').on('click', 'td', {msg: hello}, function(e) {
  alert(e.data.msg);
});

$('table').on('click', 'td', {msg: hello});
```


➡解説

イベントに対し、イベントハンドラを割り当てます。従来の.live(), .delegate(), .bind()の機能は.on()に統合されましたので、廃止または非推奨となっています。これから開発するスクリプトでは.on()を使うようにしてください。

最初の書式では、1つまたは複数のイベントに対して、1つのイベントハンドラを割り当てます。複数のイベントを指定する場合は、

```
$('table').on('click dblclick', 'td', {msg: message}, function(e) {
  alert(e.data.msg);
});
```

のように、イベントキーワードをスペースで区切って記述します。指定できるイベントキーワードには、blur, focus, focusin, focusout, load, resize, scroll, unload, click, dblclick, mousedown, mouseup, mousemove, mouseover, mouseout, mouseenter, mouseleave, change, select, submit, keydown, keypress、keyup、errorがあります。

また、第2引数にセレクタを指定することで、対象要素の絞り込みが可能です。

さらに、省略可能な第3引数を使って、イベントハンドラにデータを渡せます。渡されたデータは、イベントオブジェクトのdataプロパティに格納され、イベントハンドラ内から利用が可能です。

SAMPLE

イベントハンドラを登録する

```
<body>
<div class="main">
  <div class="header">
    <h1>jQueryポケットリファレンス</h1>
  </div>
  <div class="content">
    <table>
      <tr>
        <th>ID</th>
        <th>商品名</th>
        <th>単価</th>
        <th>数量</th>
      </tr>
      <tr>
        <td>1</td>
        <td>ネコ大好きフリスビー</td>
        <td>1000</td>
        <td>20</td>
      </tr>
      <tr>
        <td>2</td>
        <td>黄緑缶　トロピカルフィッシュ味</td>
        <td>300</td>
        <td>150</td>
      </tr>
      <tr>
        <td>3</td>
        <td>またたび焼酎</td>
        <td>2500</td>
        <td>40</td>
      </tr>
      <tr>
        <td>4</td>
        <td>グルテンフリーパスタ</td>
        <td>100</td>
        <td>100</td>
      </tr>
    </table>
  </div>
```

```
  <div class="footer">
    <hr>
    <p class="copyright">2019 xxxx all rights reserved.</p>
  </div>
</div>
<script>
$(document).ready(function(){
  $('table').on('click dblclick', 'td', {msg: 'をクリックしました'}, function(e) {
    alert($(this).text() + e.data.msg);
  });
});
</script>
</body>
```


■実行結果

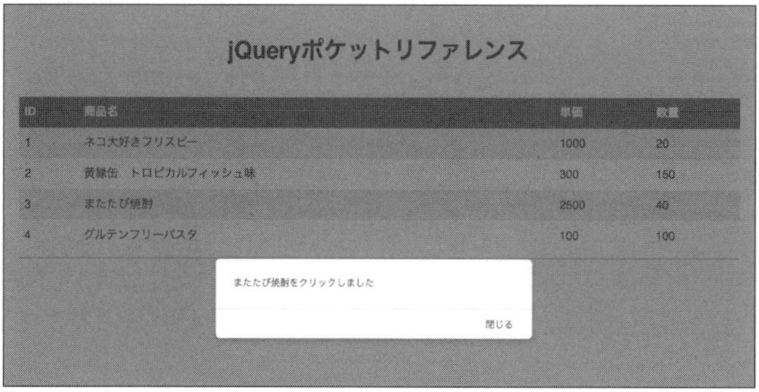

イベントハンドラとネームスペース　Column

.on()の第1引数には、「click」などの既定のイベントだけでなく例えば「click.myApp」といった独自のイベント名も指定できます。独自の名前のイベントは.trigger()を使って発火できます。

```
$('.mydiv').on('click.myApp', function() {
  alert('実行されました');
});

$("button").on('click', function() {
  alert('ボタンクリック');
  $('.mydiv').trigger('click.myApp');
});
```

「click.myApp」の「myApp」部分は「ネームスペース」として扱われます。ネームスペースを付けて修飾することで、既定の「click」イベントや他の名前空間の「click」イベントからこのイベントを分離して区別できるようになります。先のサンプルでは、「.mydiv」の要素をクリックしたとき、ボタン[button]をクリックしたときのどちらもアラートが表示されます。

ネームスペース付きのイベントは、ネームスペースに対応するイベントハンドラだけを解除できます。次の例では、「.mydiv」を1度クリックすると「click.myApp」に対するイベントハンドラだけが解除されますが、「click」のイベントハンドラには影響しません。

```
$('.mydiv').on('click.myApp', function() {
  alert('実行されました');
  $('.mydiv').off('click.myApp');
});

$("button").on('click', function() {
  alert('ボタンクリック');
  $('.mydiv').trigger('click.myApp');
});
```

7.17 イベントハンドラを解除する

▶ 書式

```
$( 対象要素 ).off( イベントタイプ , [ セレクタ ], [ イベントハンドラ名 ])
$( 対象要素 ).off( イベントタイプ , [ セレクタ ])
$( 対象要素 ).off( イベントタイプ )
$( 対象要素 ).off()
```

例

```
$('table').off('click dblclick', 'th', doClick);
$('table').off('click', 'th');
$('button').off('click');
$('button').off();
```


解説

イベントとイベントハンドラの割り当てを解除します。引数を指定しなければ、全イベントに対するすべてのイベントハンドラを解除します。イベントタイプだけ指定した場合は、そのイベントに対するすべてのイベントハンドラを解除します。

SAMPLE

clickイベントハンドラを割り当て解除する

```
<body>
<div class="main">
  <div class="header">
    <h1>jQueryポケットリファレンス</h1>
  </div>
  <div class="content">
    <table>
      <tr>
        <th>ID</th>
        <th>商品名</th>
        <th>単価</th>
        <th>数量</th>
```

```
      </tr>
      <tr>
        <td>1</td>
        <td>ネコ大好きフリスビー</td>
        <td>1000</td>
        <td>20</td>
      </tr>
      <tr>
        <td>2</td>
        <td>黄緑缶　トロピカルフィッシュ味</td>
        <td>300</td>
        <td>150</td>
      </tr>
      <tr>
        <td>3</td>
        <td>またたび焼酎</td>
        <td>2500</td>
        <td>40</td>
      </tr>
      <tr>
        <td>4</td>
        <td>グルテンフリーパスタ</td>
        <td>100</td>
        <td>100</td>
      </tr>
    </table>
    <button class="button" type="button">clickだけイベントハンドラを解↲
除</button>
  </div>
  <div class="footer">
    <hr>
    <p class="copyright">2019 xxxx all rights reserved.</p>
  </div>
</div>
<script>
$(document).ready(function(){
  function doclick() {
    alert($(this).text());
  }

  $('table').on('click dblclick', 'td', {msg: 'をクリックしました'}, ↲
```

```
doclick);

  $('.button').on('click', function(e) {
    $('table').off('click', 'td', doclick);
  });
});
</script>
</body>
```

■実行結果

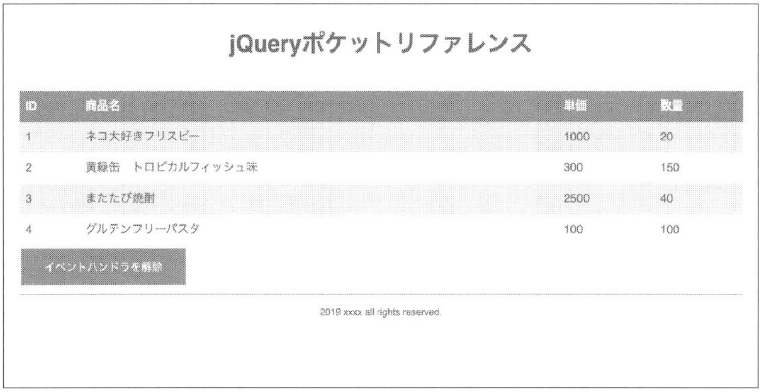

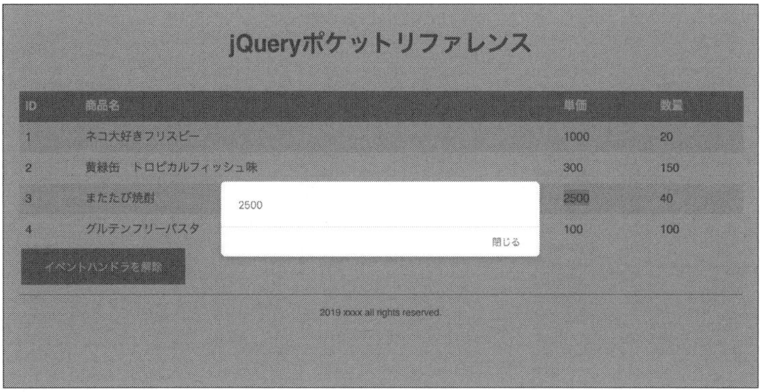

7.18 イベントを発火する

▶ 書式

```
$( 対象要素 ).trigger(' イベントタイプ ', [ 追加パラメータ ]
$( 対象要素 ).triggerHandler( イベントタイプ , [ 追加パラメータ ])
```

例

```
$( "input" ).trigger( "focus" );
$( "input" ).triggerHandler( "focus" );
```

➡ 解説

.trigger()は、イベントを発火して.on()メソッドで割り当てられたイベントハンドラを実行します。.triggerHandler()も同様にイベントを発火してイベントハンドラを実行しますが、trigger()がそのイベントによってブラウザの既定の動作が発生するのに対して、triggerHander()ではイベントハンドラが実行されるだけでブラウザの既定の動作は起きないという点が異なります。例えば、trigger('focus')とするとカーソルは指定された要素に移動しますが、tiggerHandler('focus')ではカーソルは移動せずにイベントハンドラだけが実行されます。

SAMPLE

実際にフォーカスを移動せずにイベントハンドラを発火する

```
<body>
<div class="main">
  <div class="header">
    <h1>jQueryポケットリファレンス</h1>
  </div>
  <div class="content">
    <form>
      姓<br><input class="form-input" type="text" name="lastname"><br>
      名<br><input class="form-input" type="text" name="firstname"><br>
      メールアドレス<br><input class="form-input" type="text" name="email"><br>
```

```
      電話番号<br><input class="form-input" type="text" name="phone"><br>
      <button class="button" type="button" name="submit">トリガー⏎
</button>
    </form>
    <div class="desc"></div>
  </div>
  <div class="footer">
    <hr>
    <p class="copyright">2019 xxxx all rights reserved.</p>
  </div>
</div>
<script>
$(document).ready(function(){
  $('input').on('focus', function(e) {
    $('.desc').append($(e.target).val() + '<br>');
  });

  $('.button').on('click', function(e) {
    $('input:last').triggerHandler('focus');
  });
});
</script>
</body>
```


7.19 一度だけ呼び出したいイベントハンドラを割り当てる

▶ 書式

```
$( 対象要素 ).one(' イベントタイプ ', [ セレクタ ], ⏎
[ データ ], [ イベントハンドラ ])
```

例

```
$( "table" ).one( "click dblclick", "td", {msg: 'message'}, ⏎
function(e) {
  :
});
```

➡解説

.on()で追加されるイベントハンドラはイベントが発生すれば何度でも実行されますが、.one()メソッドでは一度だけ実行して以後は実行されないイベントハンドラを登録できます。

SAMPLE

1度だけ発火するイベントハンドラを登録する

```
<body>
<div class="main">
  <div class="header">
    <h1>jQueryポケットリファレンス</h1>
  </div>
  <div class="content">
    <table>
      <tr>
        <th>ID</th>
        <th>商品名</th>
        <th>単価</th>
        <th>数量</th>
      </tr>
      <tr>
        <td>1</td>
        <td>ネコ大好きフリスビー</td>
        <td>1000</td>
        <td>20</td>
      </tr>
      <tr>
        <td>2</td>
        <td>黄緑缶　トロピカルフィッシュ味</td>
        <td>300</td>
        <td>150</td>
      </tr>
      <tr>
        <td>3</td>
        <td>またたび焼酎</td>
        <td>2500</td>
        <td>40</td>
      </tr>
      <tr>
```

```
        <td>4</td>
        <td>グルテンフリーパスタ</td>
        <td>100</td>
        <td>100</td>
      </tr>
    </table>
  </div>
  <div class="footer">
    <hr>
    <p class="copyright">2019 xxxx all rights reserved.</p>
  </div>
</div>
<script>
$(document).ready(function(){
  $('table').one('click', 'td', {msg: 'をクリックしました'}, ⏎
function(e) {
    alert($(e.target).text() + e.data.msg);
  });
});
</script>
</body>
```

8

jQueryのCSS操作

OVERVIEW

CSSの動的な変更

Webページの文書的な構造を担当するのがHTMLなら、デザイン的な「見栄え」を担当するのは、CSS（Cascading Style Sheets）です。jQueryを使うと、スクリプトからCSSのスタイル定義を動的に変更することで、ページを再読み込みすることなく、デザインを自由自在に操作できるようになります。

8.1 CSSプロパティの取得

▶書式

```
css(" プロパティ名 ")
```

例

```
var color = $(this).css("background-color")
```

➡解説

DOM要素に設定されたスタイルやプロパティを取得します。プロパティおよび引数にはこれから行う処理に必要な値を指定します。このとき、marginやbackgroundなどといった複数の値を一括指定可能な略記式のプロパティでは指定できません。必ず、margin-rightやbackground-colorなど、単一の値を返すプロパティを指定しましょう。上記の場合だと、divに設定されているbackground-colorを取得します。

SAMPLE

プロパティの取得

```
<style>
div {
  background-color: red;
  width: 100px;
  height: 100px;
  float: left;
}
</style>
```

```
</head>
<body>
  <div></div>
  <p id="result"></p>
</body>
<script>
  $(document).ready(function(){
    $("div").on('click', function () {
      var color = $(this).css("background-color");
      $("#result").html("この要素の色は<span style='color:" + color + ↩
";'>" + color + "</span>です。");
    });
  });
</script>
```

scriptタグ内のvarでcolorという変数を宣言して、divに設定したプロパティ（background-color）で取得した値を代入します。クリックした要素の色を取得し、メッセージの表示とスタイルの指定でcolor変数を使用します。

■実行結果

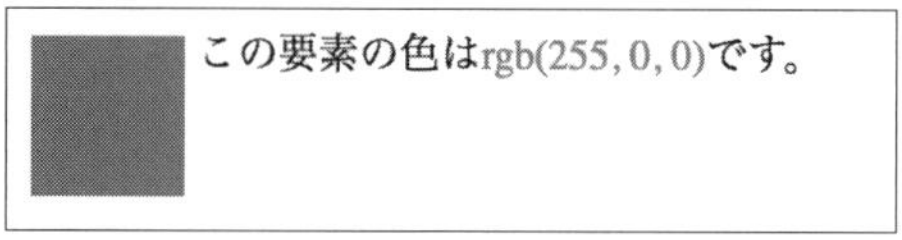

8.2 CSSスタイルの指定

▶書式

```
css(' プロパティ名 ', ' 値 ')
```

例

```
$(this).css('color', '#fff')
```

➡解説

DOM要素に対して、プロパティ名と値を渡しスタイルを設定します。スタイルの指定はCSSの記法と同様なので、backgroundやmarginといった略記式のプロパティの指定も可能です。

```
$(this).css('width', '100')
```

値が数値の場合、単位がないときはデフォルトでピクセルと解釈されます。

SAMPLE

クリックした要素の背景色をblueにする

```
<style>
div {
  background-color: red;
  width: 100px;
  height: 100px;
  float: left;
  margin: 10px;
}
</style>
</head>
<body>
  <span id="result"></p>
  <div></div>
  <div></div>
  <div></div>
</body>
<script>
  $(document).ready(function(){
    $("div").on('click', function () {
      $(this).css("background", "blue");
    });
  });
</script>
```

Point

CSSと異なるプロパティ名

プロパティ名はCSSの記法と若干異なります。font-sizeなどのようにハイフンが含まれる名前の場合、ハイフンを取り除いてハイフン直後の文字を大文字に変えたもの、つまり「fontSize」がjQueryで使用する適切なプロパティ名のスタイルになります。このように複数語をひと綴りとして、先頭の単語以降の単語の1文字目を大文字で書き表すことを「キャメルケース」と呼びます。

8.3 CSSスタイルの一括指定

▶書式

```
css({ プロパティ名1 : 値1 , プロパティ名2 : 値2 … })
```

例

```
$(this).css({"background-color":"blue","color":"white","font-⏎
size":60});
$(this).css({backgroundColor:"blue",color:"white",fontSize:60});
```

➡解説

「プロパティ名1：値1，プロパティ名2：値2…」と指定を列挙することで、要素に対して一括してスタイルを設定できます。値が数値の場合、単位はデフォルトでピクセルと解釈されます。

上記の例の1行目のようにプロパティ名をCSSでの表記法と同様に指定する場合は引用符が必須となりますが、上記の2行目のようにプロパティ名をキャメルケースで指定する場合は引用符は必須ではありません。

SAMPLE

クリックした要素のスタイルを一括して変更する

```
<style>
div {
  font-size: 12px;
```

```
  color: black;
  background-color: yellow;
  width: 500px;
  height: 500px;
  text-align: center;
}
</style>
</head>
<body>
  <div>ボックスをクリック！</div>
</body>
<script>
  $(document).ready(function(){
    $("div").on('click', function () {
      var hashObj = {
        backgroundColor:"blue",
        color:"white",
        fontSize:"50px"
      }
      $(this).css(hashObj);
    });
  });
</script>
```

■実行結果

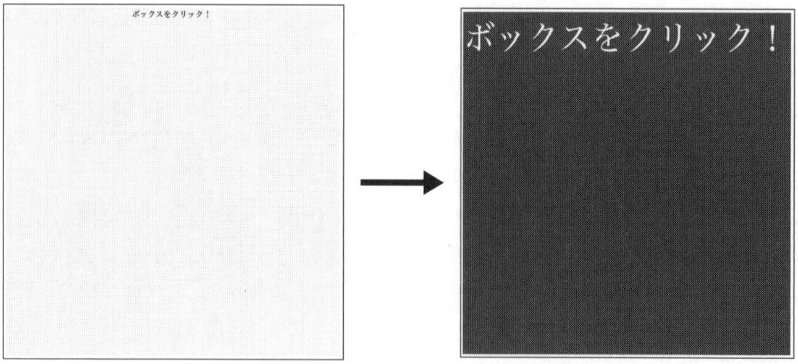

8.4 要素の高さを調べる

▶ 書式

```
$( 対象要素 ).height();
```

例

```
var h = $("p").height();
```

➡ 解説

.height()メソッドは、条件にマッチした最初の要素の高さ（paddingを含めないピクセル数）を、例えば「300」のように単位抜きの数値だけで返します。「300px」のように単位を含めたい場合は、.height()ではなく、.css('height')を使用しましょう。

SAMPLE

(1) 要素の高さを取得する

```
<body>
  <p class="box"></p>
  <div></div>
</body>
<script>
  $(document).ready(function(){
    var pH = $('p').height();
    $('div').append('p要素の高さは' + pH + 'pxです');
  });
</script>
```

■実行結果

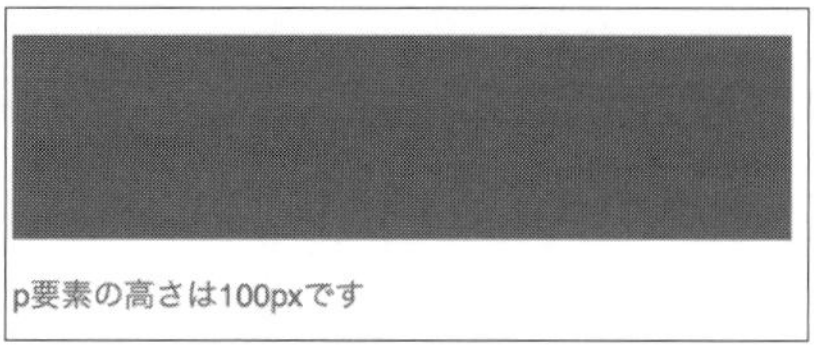

scriptタグ内でpHという変数を宣言して、p要素に設定したheightの値を代入します。p要素の高さを取得し、メッセージの表示に使用します。

(2) ドキュメント、ブラウザの高さを取得する

```
<style>
p {
  height: 5000px;
  background-color: gray;
}
</style>
</head>
<body>
  <div></div>
  <p></p>
</body>
<script>
  $(document).ready(function(){
    var dH = $(document).height();
    var wH = $(window).height();
    $('div').append('documentの高さは' + dH + 'pxです<br>');
    $('div').append('windowの高さは' + wH + 'pxです');
  });
</script>
```

■実行結果

また、.height()メソッドはドキュメントとブラウザの高さも取得可能です。$(document).height()と指定することで目に見えない部分のドキュメントの高さを取得でき、$(window).height()と指定することにより、そのとき表示されているブラウザ枠内の高さが取得できます。

8.5 要素の高さを設定する

▶書式

```
$( 対象要素 ).height( 値 );
$( 対象要素 ).height(function() { 処理… });
```

例

```
$('p:last').height(500);
$('p').height(function() {
  return $(this).index() * 50;
});
```

➡解説

.height() メソッドに引数を与えると、要素の高さを設定できます。条件にマッチする要素が複数ある場合、値はすべての要素に一括して設定されます。jQuery 1.4.1 以降では引数としてクロージャを記述することにより、動的に高さを設定できるようになりました。

SAMPLE

すべてのp要素に対し、出現順に50ピクセルずつ高さを変化させる

```
<style>
p {
  width:150px;
  border:1px red solid;
  background-color: red;
}
</style>
</head>
<body>
  <div></div>
  <p></p>
  <p></p>
  <p></p>
  <p></p>
</body>
<script>
```

```
  $(document).ready(function(){
    $('p').height(function() {
      return ($(this).index() + 1) * 50;
    });
  });
</script>
```

このサンプルでは、特定の要素のインデックス番号を取得するindex()メソッドでp要素を指定し、1×50、2×50…と順番に値を返すことによって50ピクセルずつ高さを変化させます。

■実行結果

8.6 要素の幅を調べる

▶ 書式

```
$( 対象要素 ).width();
```

例

```
var w = $('img').width();
```

➡解説

.width()メソッドは、条件にマッチした最初の要素の幅（paddingを含めないピクセル数）を、例えば「300」のように単位抜きの数値だけで返します。「300px」のように単位を含めたい場合は、.width()ではなく、

.css('width')を使用しましょう。

SAMPLE

(1) 要素の幅を取得する

```
<body>
  <div></div>
  <img src="img/car.png" width="300">
</body>
<script>
  $(document).ready(function(){
    var imgWidth = $('img').width();
    $('div').html('img要素の幅は' + imgWidth + 'pxです');
  });
</script>
```

■実行結果

scriptタグ内のvarでimgWidthという変数を宣言して、imgに設定したwidthの値を代入し、.html()メソッドでメッセージを表示させます。

(2) ドキュメント、ブラウザの高さを取得する

```
<style>
p {
  height: 200px;
  width: 5000px;
  background-color: gray;
}
</style>
</head>
<body>
  <div></div>
  <p></p>
</body>
<script>
```

```
  $(document).ready(function(){
    var dW = $(document).width();
    var wW = $(window).width();
    $('div').append('documentの幅は' + dW + 'pxです<br>');
    $('div').append('windowの幅は' + wW + 'pxです');
  });
</script>
```

■実行結果

また、.width()メソッドはドキュメントとブラウザの高さも取得可能です。$(document).width()と指定することで目に見えない部分のドキュメントの幅を取得でき、$(window).width()と指定することにより、そのとき表示されているブラウザ枠内の幅が取得できます。

8.7 要素の幅を設定する

▶書式

```
$( 対象要素 ).width( 値 );
$( 対象要素 ).width(function() { 処理… });
```

例

```
$('p:last').width(500);
$('p').width(function() {
  return $(this).index() * 50;
});
```

➡解説

.width()メソッドに引数を与えると、要素の高さを設定できます。条件にマッチする要素が複数ある場合、値はすべての要素に一括して設定されます。jQuery 1.4.1以降では引数としてクロージャを記述することにより、動的に幅を設定できます。サンプルでは、特定の要素のインデックス番号を取得するindex()メソッドでp要素を指定し、1×50、2×50…と順番に値を返すことによって50ピクセルずつ幅を変化させます。

SAMPLE

要素の幅を設定する

```
<style>
p {
  width:150px;
  height: 20px;
  border: 2px pink solid;
  background-color: gray;
}
</style>
</head>
<body>
  <div></div>
  <p></p>
  <p></p>
  <p></p>
  <p></p>
</body>
<script>
  $(document).ready(function(){
    $('p').width(function() {
      return ($(this).index() + 1) * 50;
    });
  });
</script>
```

■実行結果

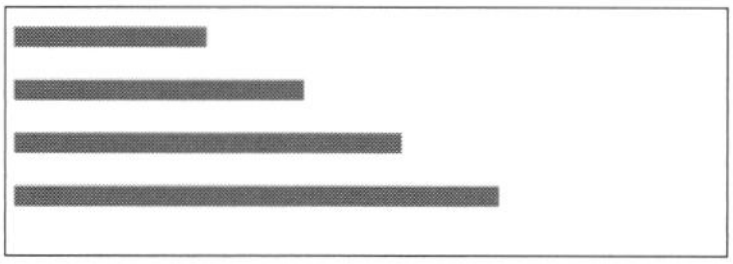

8.8 要素のinnerHeightを調べる

▶書式

```
$( 対象要素 ).innerHeight();
```

例

```
var pHeight = $('p').innerHeight();
```

➡解説

innerHeight()メソッドは、条件にマッチした最初の要素のinnerHeight（paddingを含めた高さのピクセル数）を、例えば「300」のように単位抜きの数値だけで返します。このメソッドはwindowオブジェクト、documentオブジェクトに対しては使用できないため、代わりに.height()メソッドを使用しましょう。

SAMPLE

要素のinnerHeightを取得する

```
<style>
p {
  height: 100px;
  padding: 5px;
  width: 150px;
  background-color: gray;
}
</style>
</head>
<body>
  <div></div>
  <p></p>
</body>
<script>
  $(document).ready(function(){
    var innH = $('p').innerHeight();
    $('div').append('p要素のinnerHeightは' + innH + 'pxです');
  });
</script>
```

■実行結果

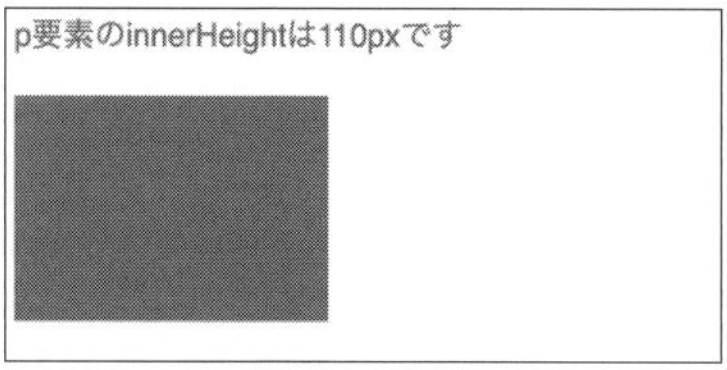

サンプルではp要素のheightを100px、paddingを5pxに指定したため、返された数値（innerHeight）は110pxになります。

8.9 要素のinnerWidthを調べる

▶書式

```
$( 対象要素 ).innerWidth();
```

例

```
var pHeight = $('p').innerWidth();
```

➡解説

innerWidth()メソッドは、条件にマッチした最初の要素のinnerWidth（paddingを含めた幅のピクセル数）を、例えば「300」のように単位抜きの数値だけで返します。このメソッドはwindowオブジェクト、documentオブジェクトに対しては使用できないため、代わりに.width()メソッドを使用しましょう。

SAMPLE

要素のinnerWidthを取得する

```
<style>
p {
  height: 100px;
  padding: 5px;
  width: 150px;
  background-color: gray;
}
</style>
</head>
```

```
<body>
  <div></div>
  <p></p>
</body>
<script>
  $(document).ready(function(){
    var innW = $('p').innerWidth();
    $('div').append('p要素のinnerWidthは' + innW + 'pxです');
  });
</script>
```

■実行結果

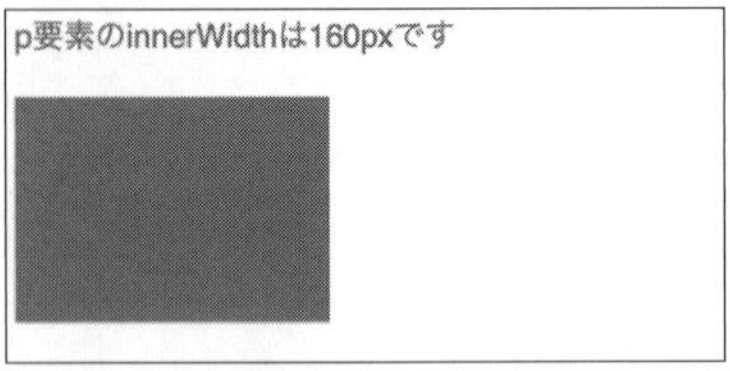

サンプルではp要素のwidthを150px、paddingを5pxに指定したため、返された数値（innerWidth）は160pxになります。

8.10 要素のouterHeightを調べる

▶書式

```
$( 対象要素 ).outerHeight( マージンを含む );
```

例

```
var oHeight = $('p').outerHeight();
var oHeight = $('p').outerHeight(true);
```

➡解説

`.outerHeight()`メソッドは、条件にマッチした最初の要素のouterHeight（padding,borderを含めた高さのピクセル数）を、例えば「300」のように単位抜きの数値だけで返します。引数には「marginの値も含めるかどうか」をtrueまたはfalseで指定可能です。規定値はfalseなので、何も指定しない場合はmarginの値は含まれません。このメソッドはwindowsオブジェクト、documentオブジェクトに対しては使用できないため、代わりに.height()メソッドを使用しましょう。

SAMPLE

要素のouterHeightを取得する

```
<style>
p {
  height: 20px;
  padding: 5px;
  width: 150px;
  background-color: gray;
  border: 2px solid pink;
  margin: 10px;
}
</style>
</head>
<body>
  <div></div>
  <p></p>
</body>
<script>
  $(document).ready(function(){
    var outH = $('p').outerHeight();
    var outHT = $('p').outerHeight(true);
    $('div').append('p要素のouterHeightは' + outH + 'pxです<br>');
    $('div').append('p要素のouterHeight(true)は' + outHT + 'pxです');
  });
</script>
```

■実行結果

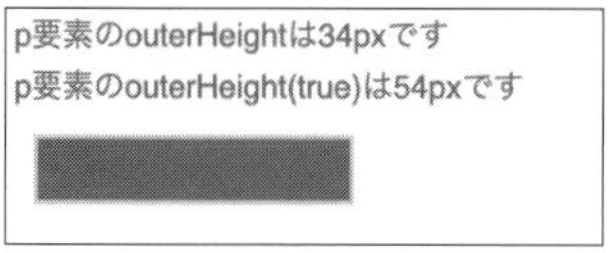

サンプルでは.outerHeightは「p.outerHeight()」と引数が空なのでmarginの値を含まないheight:20px+padding:5px（×2）+border:2px（×2）の34pxになります。.outerHeight(true)はmarginの値を含むため、＋10px（×2）の54pxになります。

8.11 要素のouterWidthを調べる

▶書式

```
$( 対象要素 ).outerWidth( マージンを含む );
```

例

```
var oWidth = $('p').outerWidth();
var oWidth = $('p').outerWidth(true);
```

➡解説

.outerWidth() メソッドは、条件にマッチした最初の要素のouterWidth（padding, borderを含めた高さのピクセル数）を、例えば「300」のように単位抜きの数値だけで返します。引数には「marginの値も含めるかどうか」をtrueまたはfalseで指定可能です。規定値はfalseなので、何も指定しない場合はmarginの値は含まれません。このメソッドはwindowsオブジェクト、documentオブジェクトに対しては使用できないため、代わりに.width() メソッドを使用しましょう。

SAMPLE

outerWidthを調べる

```
<style>
p {
  height: 20px;
  padding: 5px;
  width: 150px;
  background-color: gray;
  border: 2px solid pink;
  margin: 10px;
}
</style>
</head>
<body>
  <div></div>
  <p></p>
</body>
<script>
```

```
  $(document).ready(function(){
    var outW = $('p').outerWidth();
    var outWT = $('p').outerWidth(true);
    $('div').append('p要素のouterWidthは' + outW + 'pxです<br>');
    $('div').append('p要素のouterWidth(true)は' + outWT + 'pxです');
  });
</script>
```

■実行結果

8.12 要素の表示位置を調べる・設定する

▶書式

```
$( 対象要素 ).offset();
$( 対象要素 ).offset({ 位置 });
$( 対象要素 ).offset(function() { 処理… });
```

例

```
var offset = $('p:first').offset();
$('p:first').offset({top: 100, left: 200});
$('p:first').offset(function() {...});
```

➡解説

.offset()メソッドは、要素の画面左上からの位置を返します。戻り値には、「top」と「left」の2つのプロパティが含まれます。例えば、**$(対象要素)**.offset().leftと記述することにより左からの位置を取得します。leftをtopに置き換えると上からの位置が取得できます。jQuery 1.4からは、.offset()メソッドで要素を移動できるようになりました。引数として「位置」を与えた場合、指定した要素がその位置に移動します。「位置」は、{top: xxx, left: xxx}のように、topとleftそれぞれの値を含むオブジェクトとして渡します。なお、対象要素に対してスタイル「position:

static;」が指定されている場合、.offset()メソッドはこれを「position: relative;」に変更します。.offset()が動作するのは、表示されている要素に対してだけであることに注意しましょう。

SAMPLE

(1) 要素の位置を調べる

```
<style>
p {
  width:350px;
  border:1px pink solid;
  background-color: gray;
  color: white;
}
</style>
</head>
<body>
  <div></div>
  <p>1st Paragraph</p>
  <p>2nd Paragraph</p>
</body>
<script>
  $(document).ready(function(){
    var o = $('p:last').offset();
    $('p:last').html('この要素は座標(' + o.left + ',' + o.top + ')に位置します');
  });
</script>
```

■実行結果

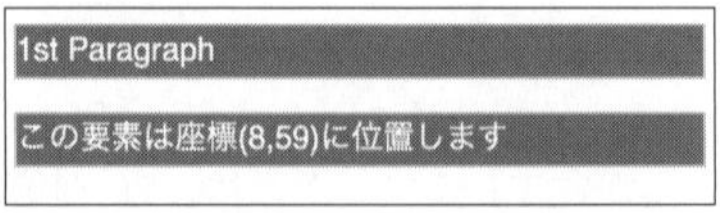

サンプルでは、「p:last」と指定することにより一番末尾にあるp要素を変数に代入し、.offset()メソッドでtopとleftの位置を取得しています。また、末尾のp要素内に記述した「2nd Paragraph」が表示されていないのは.html()メソッドが要素の中身を上書きする特性があるためです。

(2) 要素の位置を指定する

```
<style>
p {
  width:350px;
  border:1px pink solid;
  background-color: gray;
  color: white;
}
</style>
</head>
<body>
  <p>1st Paragraph</p>
  <p>2nd Paragraph</p>
  <button type="button" id="do">移動</button>
  <div></div>
</body>
<script>
  $(document).ready(function(){
    var o = $('p:last').offset();
    $('div').append('2つめのpは座標(' + o.left + ',' + o.top + ')に位置します<br>');

    $('#do').on('click', function() {
      $('p:last').offset({top: 100, left: 200});
      o = $('p:last').offset();
      $('div').append('2つめのpは座標(' + o.left + ',' + o.top + ')に位置します');
    });
  });
</script>
```

■実行結果

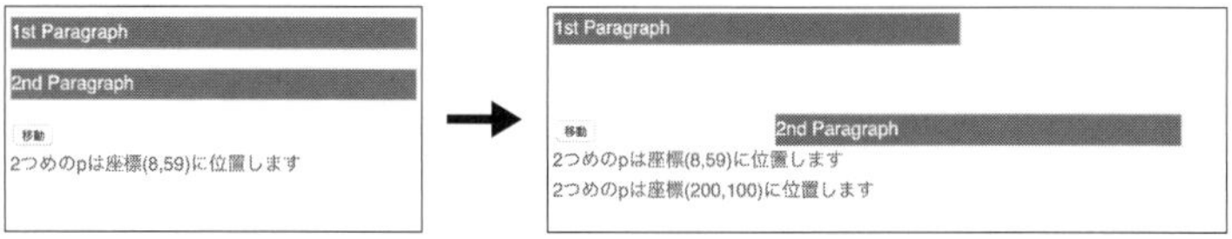

8.13 要素の表示位置を調べる

▶書式

```
$( 対象要素 ).position();
```

例

```
var offset = $('#p:first').position();
```

解説

.offset()メソッドが画面の端からの位置を取得するのに対して、.position()メソッドは要素の親要素からの相対位置を返します。戻り値には、「top」と「left」の2つのプロパティが含まれます。対象要素のmargin, padding, borderの値にピクセル以外が指定されている場合（例えば「margin: 0 auto;」など）は、正しい位置が返されないことがありますので注意しましょう。

SAMPLE

要素の表示位置を調べる

```
<style>
div {
  margin: 2px;
  padding: 10px;
  border: 2px gray solid;
  width: 300px;
}
p {
  height: 100px;
  width:150px;
  border:2px pink solid;
  margin: 10px;
  padding: 5px;
  background-color: gray;
  color: white;
}
</style>
</head>
```

```
<body>
  <div>
    <p>Paragraph</p>
  </div>
  <span></span>
</body>
<script>
  $(document).ready(function(){
    var pos = $('p').position();
    $('span').append('p要素は親要素から(' + pos.left + ',' + pos.top ⏎
+ ')の位置に表示されています');
  });
</script>
```

■実行結果

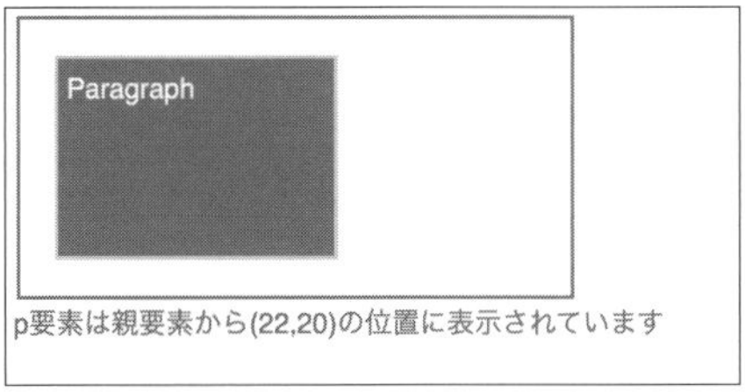

8.14 縦方向のスクロール位置を取得する・設定する

▶ 書式

```
$( 対象要素 ).scrollTop();
$( 対象要素 ).scrollTop({ 位置 });
```

例

```
var scrollTop = $('p').scrollTop();
$('p').scrollTop(300);
```

➡解説

.scrollTop()メソッドは、引数なしで要素の縦方向の現在のスクロール位置を取得し、引数を与えれば指定した位置までスクロールします。

SAMPLE

スクロール位置を取得または設定する

```
<style>
  #box {
    overflow: scroll;
    height: 100px;
    width: 300px;
    border: 1px solid black;
  }
  #contents {
    height: 700px;
  }
  #do {
    margin: 5px;
  }
</style>
</head>
<body>
  <p>scrollTopの値：<span>0px</span></p>
  <div id="box">
    <div id="contents">スクロール領域</div>
  </div>
  <form>
    <input type="button" id="do" value="最上部に移動">
  </form>
</body>
<script>
  $('#box').scroll(function() {
    $('span').text($(this).scrollTop() + 'px');
  });

  $('#do').on('click', function(){
    $('#box').scrollTop(0);
  });
</script>
```

■実行結果

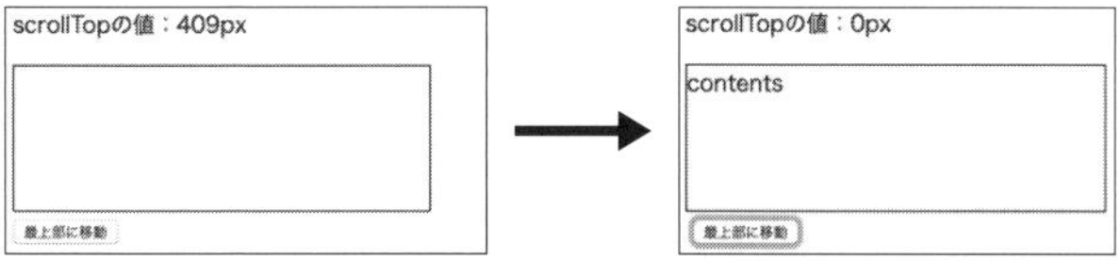

contentsにスクロールする領域をheightで設定します。box内でスクロールをした際に、移動した位置の値を.scrollTop()メソッドで取得します。また、［最上部に移動］ボタンのclickイベントでは、.scrollTop()の引数に0を与えることで、クリックするとcontents内トップまでスクロールするよう設定します。

8.15 横方向のスクロール位置を取得する・設定する

▶書式

```
$( 対象要素 ).scrollLeft();
$( 対象要素 ).scrollLeft({ 位置 });
```

例

```
var scrollLeft = $('p').scrollLeft();
$('p').scrollLeft(300);
```


➡解説

.scrollLeft()メソッドは、引数なしで要素の横方向の現在のスクロール位置を取得し、引数を与えれば指定した位置までスクロールします。

SAMPLE

スクロール位置を取得する

```
<style>
  #box {
    overflow: scroll;
    height: 100px;
    width: 300px;
    border: 1px solid black;
  }
  #contents {
    height: 1000px;
    width: 1000px;
```

```
  }
</style>
</head>
<body>
  <p>scrollTopの値：<span id="top">0px</span></p>
  <p>scrollLeftの値：<span id="left">0px</span></p>
  <div id="box">
    <div id="contents">contents</div>
  </div>
</body>
<script>
  $('#box').scroll(function() {
    $('#top').text($(this).scrollTop() + 'px');
  });
  $('#box').scroll(function() {
    $('#left').text($(this).scrollLeft() + 'px');
  });
</script>
```

■実行結果

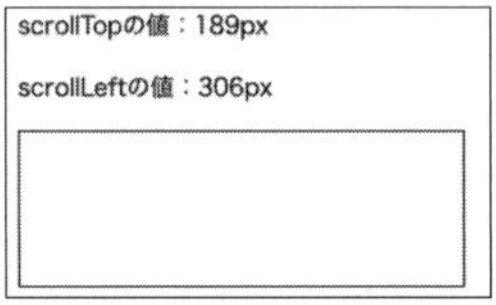

contentsにスクロールする領域をheight, widthで設定します。また、このときのスクロール領域はcontents内で設定したheight, widthから親要素boxのheight, widthを引いた高さおよび幅になります。サンプルの場合だとscrollTopの最大値は900px（1000-100）、scrollLeftの最大値は700px（1000-300）になります。

8.16 クラスの指定あり・指定なしを切り替える

▶書式

```
$( 対象要素 ).toggleClass(' クラス名 ');
$( 対象要素 ).toggleClass(' クラス名 ', スイッチ );
$( 対象要素 ).toggleClass(function(){ 処理… });
```

例

```
$('p').toggleClass('myClass');
$('p').toggleClass('myClass', true);
$('p').toggleClass(function(){
  if(x == y){
    return 'myClass';
  }else{
    return 'yourClass';
  }
});
```


解説

.addClassメソッドはクラスを追加し、.removeClass()メソッドはクラスを削除するメソッドですが、.toggleClass()メソッドは、引数として渡したクラスが要素に指定されていなければ指定し、指定されていれば除去します。ただし、2番目の書式のように、第2引数のスイッチ（trueまたはfalse）を使って、指定したクラスの有効・無効を明示的に設定することもできます。jQuery 1.4からは、クラス名の指定をクロージャで動的に生成できるようになりました。条件によって切り替えるクラス名を変化させられるので、非常に柔軟なスタイル指定が可能です。

SAMPLE

ボタンクリックでクラス指定の有効・無効を切り替える

```
<style>
  .btn {
    border: 1px solid;
    font-size: 15px;
    background: #fff;
```

```
  }
  .bgcolor {
    background: #f0b8ff;
  }
</style>
</head>
<body>
  <form>
    <input type="button" class="btn bgcolor" value="toggle!">
    <input type="button" class="btn" value="toggle!!">
    <input type="button" class="btn" value="toggle!!!">
  </form>
</body>
<script>
  $('.btn').on('click', function(){
    $(this).toggleClass('bgcolor');
  });
</script>
```

■実行結果

サンプルでは、1つ目のボタンにはすでにbgcolorクラスが付与されている状態になるため、クリックすると`.toggleClass()`メソッドによってbgcolorクラスが外されます。

8.17 独自のCSSプロパティを作成する

▶ 書式

```
$.cssHooks[" CSSプロパティ名 "] = {
  get: function(elem, computed, extra){
    値を取得するときに実行したい処理
  },
  set: function(elem, value){
    値を設定するときに実行したい処理
  }
}
```

例

```
$.cssHooks["widthHeight"] = {
  get: function(elem, computed, extra){
    return $(elem).css("width");
  },
  set: function(elem, value){
    $(elem).css({ width: value, height: value });
  }
}
```

8

➡ 解説

.cssHooksはjQueryで利用できるCSSプロパティを独自に作成可能です。「get:function」には値を取得する際に実行したい処理を記述し、「set:function」には値を設定するときに実行したい処理を記述します。.cssHooksはベンダープレフィックス（-webkit-, -moz-など、CSS3で採用される予定の機能を各ブラウザで動作させるための接頭辞）に依存しないCSSプロパティを作成するのに役立ちます。

SAMPLE

widthとheightのサイズを一括で取得・設定するCSSプロパティ

```
<style>
  div {
```

```
    background: red;
    width: 100px;
    height: 100px;
    margin: 10px;
  }
  span {
    margin: 10px;
  }
</style>
</head>
<body>
  <div></div>
  <div></div>
  <div></div>
  <span></span>
</body>
<script>
  $.cssHooks[ "widthHeight"] = {
    get: function(elem, computed, extra) {
      return [$(elem).width(), $(elem).height()];
    },
    set: function(elem, value) {
      $(elem).css({ width: value, height: value });
    }
  }

  $("div:last").css("widthHeight", "150px");
  var wh = $("div:last").css("widthHeight");

  $("span").text('div:lastのサイズは、' + wh + 'です。');
</script>
```

■実行結果

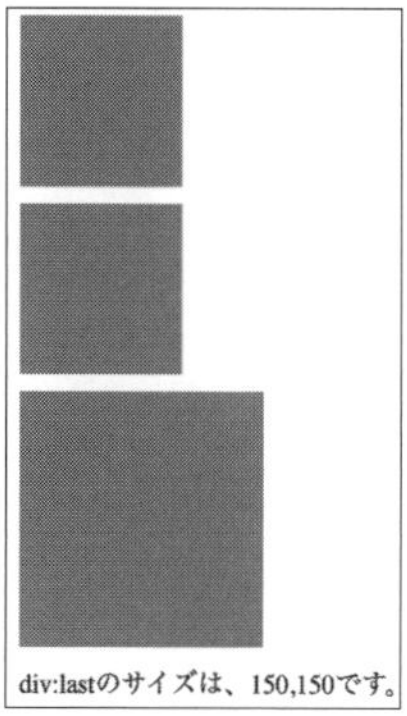

elemはセレクタの要素が設定されます。サンプルでは「get:function」でセレクタのwidthおよびheightを配列に格納しているので、widthHeightを実行したときにセレクタのwidthおよびheightを取得してきます。「set:function」はセレクタのwidthおよびheightを一括で変更できるよう、.css()メソッドを用いて記述します。valueには設定される値が入るため、サンプルの場合だと250pxの値がvalueに渡され縦横の辺がそれぞれ150pxのdiv要素に変化します。また、サイズを変更したdiv要素のwidthおよびheightを.css()メソッドと作成したwidthHeightプロパティを用いて変数whに代入しテキストの表示に利用します。

8.18 単位なしで利用可能なCSSプロパティの一覧を得る

▶書式

例

```
jQuery.cssNumber.fontSize = true;
```

➡解説

jQuery.cssNumberは単位なしで利用可能なプロパティの一覧を持っているオブジェクトです。一覧には次のものが含まれます。

- zIndex
- fontWeight
- opacity
- zoom
- lineHeight

- windows（jQuery 1.6 から追加）
- orphans（jQuery 1.6 から追加）
- fillOpacity（jQuery 1.6.2 から追加）
- columnCount（jQuery 1.9 から追加）
- order（jQuery 1.10.2 から追加）
- flexGrow（jQuery 1.11.1 から追加）
- flexShrink（jQuery 1.11.1 から追加）

また、単位が必要なCSSプロパティを`jQuery.cssNumber`を利用して単位なしと判断することも可能です。この場合、CSSプロパティの指定はキャメルケースで行います。

SAMPLE

font-sizeを単位なしで利用可能なプロパティと判断する

```
jQuery.cssNumber.fontSize = true;
```

サンプルのように、`jQuery.cssNumber`を使用してfont-sizeをtrueにした場合、その後セレクタのfont-sizeで数値を指定しても単位が含まれないため`.css()`メソッドは効果がありません。

9

データ

OVERVIEW

要素にデータを割り当てる

スクリプトを動かすにあたって、随時変化する値、データを一時的にどこかに持っておきたいことはよくあります。ここでは、jQueryの内部にデータを記憶させたり、参照したり、不要になったデータを削除したりする方法を説明します。

9.1 データの割当と解除

▶書式

```
$( 対象要素 ).data()
$( 対象要素 ).data( キー )
$( 対象要素 ).data( キー , 値 )
$( 対象要素 ).data( オブジェクト )
$.data( 対象要素 , キー , 値 )

$( 対象要素 ).removeData([ キー ])
$( 対象要素 ).removeData([ キーの配列またはスペース区切⏎
りのリスト ])
```

例

```
var speed = $(body).data('speed');
$('body').data('speed', 100);
$.data('#mydiv', 'weight', 10);

var obj = new Object();
obj.name = 'YAMADA';
obj.address = 'TOKYO';
$('body').data('person', obj);

$('body').removeData('speed');
$('body').removeData('speed weight');
$.removeData('#mydiv', 'weight');
```

➡解 説

.data()メソッドを使うと、DOM要素に対してデータを割り当てたり参照したりできます。jQuery 3以降では、データの「キー」に「英小文字に続くハイフン」が使われていると、ハイフンを取り除いて後続の先頭の文字が大文字に変換されることに注意してください。例えば次の例では、最初のアラートダイアログには「NaN」が表示され、2つ目のアラートダイアログには「yamada」が表示されます（HTML dataset APIの仕様に準拠）。

```
$('.main').data('my-name', 'yamada');
var data = $('.main').data();
alert(data.my-name);
alert(data.myName);
```

.data()で割り当てたデータは.removeData()メソッドで除去できます。jQueryの.data()および.removeData()はjQuery内部のデータキャッシュを扱うだけであり、HTMLのdata-xxxxアトリビュートには影響しません。

SAMPLE

データの割当と解除

```
<body>
<div class="main">
  <div class="header">
    <h1>jQueryポケットリファレンス</h1>
  </div>
  <div class="content">
    <form>
      <button class="button" type="button" name="button1">データを表示↙
</button>
      <button class="button" type="button" name="button2">データをクリ↙
ア</button>
    </form>
    <div class="desc"></div>

  </div>
  <div class="footer">
    <hr>
    <p class="copyright">2019 xxxx all rights reserved.</p>
  </div>
```

```
</div>
<script>
$(document).ready(function(){
  $('.main').data('myName', 'yamada');

  $('button[name=button1]').on('click', function(){
    var data = $('.main').data();
    $('.desc').append(data.myName + '<br>');
  });

  $('button[name=button2]').on('click', function(){
    $('.main').removeData();
  });
});
</script>
</body>
```

■実行結果

9.2 データが割り当てられているか調べる

▶書式

```
$.hasData( 対象要素 )
```

例

```
$.hasData('body');
```

➡解説

指定された要素に.data()によってデータが割り当てられていればtrue、割り当てられていなければfalseを返します。

10

エフェクト

OVERVIEW

視覚効果を実現する

HTMLとCSSだけのWebページは、本来とても静的なものです。Adobe Flashなどの技術を使わない限り、ダイナミックな視覚効果を持ったWebサイトを作成するのは難しいかもしれません。しかし、ちょっとしたアニメーション程度の効果でも、ユーザの使い勝手やWebページを見る楽しさを演出することは可能です。jQueryには、こういった視覚効果を簡単に実現できるいくつかのメソッドが用意されています。上手に使って、ありきたりなユーザインターフェースから脱却しましょう。

10.1 アニメーション効果の無効化

▶書式

例

```
jQuery.fx.off = true
$.fx.off = false
```

➡解説

すべての人にとって、視覚効果が喜ばしいものであるとは言えません。広く公開されるWebアプリケーションでは、視覚に障害があるユーザや、リソースに制限のあるデバイスで閲覧しているユーザのことも考えるべきでしょう。jQueryでは、アニメーション効果のオン・オフを、グローバルなプロパティ「`jQuery.fx.off`」の値だけで制御できます。`jQuery.fx.off`にtrueを設定すると、その時点からすべてのアニメーション効果が一切効かなくなります。逆に、falseを設定すれば、いつでもアニメーション効果を復活させられます。また、「`jQuery.fx.off`」の「jQuery」の部分は「`$`」の文字に置き換えが可能です。

SAMPLE

アニメーション効果の有効化・無効化

```
<style>
  div {
```

```
    width: 50px;
    height: 30px;
    margin: 5px;
    float: left;
    background: blue;
  }
</style>
</head>
<body>
  <input type="button" value="click">
  <div></div>
</body>
<script>
  jQuery.fx.off = false;
  $("input").on('click', function(){
    $("div").toggle("slow");
  });
</script>
```

■実行結果

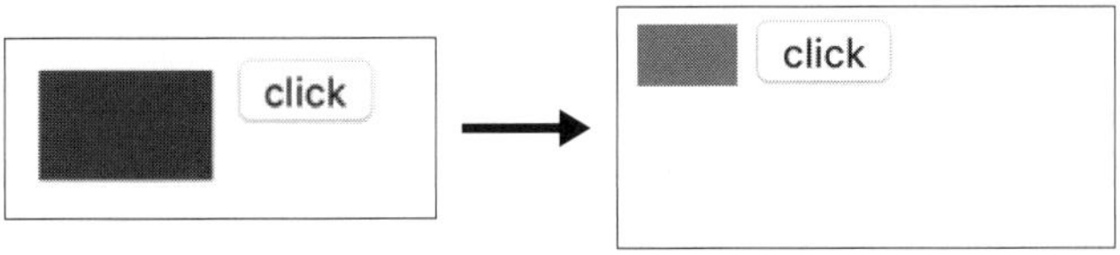

サンプルでは［click］ボタンをクリックすると左の青い四角の図形が徐々に薄くなり消えていく動きが見られます。この動作はセレクタにdivを指定し、.toggle()メソッドで「slow（遅く）」と要素に付与する動きの速さを指定しているためです。ここで記述している「jQuery.fx.off」の設定をfalseからtrueに変更するとアニメーション効果が無効となるため、divに付与した動作がなくなり、青い四角の図形は［click］ボタンをクリックした瞬間非表示になります。

10.2 フェード効果

▶書式

```
$(" 対象要素 ").fadeIn([ 効果時間 ], [ コールバック ]);
$(" 対象要素 ").fadeOut([ 効果時間 ], [ コールバック ]);
$(" 対象要素 ").fadeTo([ 効果時間 ], 透明度 , [ コール⏎
バック ]);
```

例

```
$('img').fadeIn('fast', function(){
  alert('フェードインしました');
});
$('img').fadeOut('slow', function(){
  alert('フェードアウトしました');
});
$('img').fadeTo(400, 0.5, function(){
  alert('フェードトゥしました');
});
```

➡解説

.fadeIn()は、対象要素に対し、徐々に表示を濃くするアニメーション効果を設定します。.fadeOut()は、その反対に徐々に表示を薄くします。.fadeTo()は第2引数で指定した「透明度」の値まで、徐々にfadeIn/fadeOutを行います。これらの関数の第1引数は、アニメーション効果にかける時間です。「fast（速く）」「slow（遅く））」といった文字列での指定の他、ミリ秒単位の数値でも指定できます。例えば、数値を「1000」とした場合1秒かけてアニメーションが行われます。なお、fastは200ミリ秒、slowは600ミリ秒を指定したのと同じになります。.fadeIn()および.fadeOut()では、この値は省略可能で、省略した場合は400ミリ秒が設定されたものとして実行されます。.fadeTo()だけは効果時間を省略できません。第2引数には、要素が最終的に到達すべき透明度を、0から1の間の数値で指定します。最後の引数は、アニメーションが完了したときに実行されるコールバック関数です。

SAMPLE

フェード効果

```
<style>
  div {
    position: absolute;
    width: 400px;
    height: 65px;
    font-size: 36px;
    text-align: center;
    color: #fff;
    background: blue;
    padding-top: 25px;
    top: 0;
    left: 0;
    display: none;
  }
  span {
    display: none;
  }
</style>
</head>
<body>
  <button>click</button>
  <div><span>Hello World!</span></div>
</body>
<script>
  $("button").on('click', function(){
    $("div").fadeIn(3000, function() {
      $("span").fadeTo(100, 0.5);
    });
    return false;
  });
</script>
```

■実行結果

[click] ボタンをクリックするとdivで設定したstyleの背景が3000ミリ秒かけて浮かび上がるように表示され、spanタグに記述した「Hello World!」が100ミリ秒かけて透明度0.5の状態で表示されます。

10.3 スライド効果

▶ 書式

```
$(" 対象要素 ").slideUp([ 効果時間 ], [ コールバック ]);
$(" 対象要素 ").slideDown([ 効果時間 ], [ コールバック ]);
$(" 対象要素 ").slideToggle([ 効果時間 ], [ コールバック ]);
```

例

```
$('div').slideUp('fast', function(){
  alert('スライドアップしました');
});
$('div').slideDown('slow', function(){
  alert('スライドダウンしました');
});
$('div').slideToggle(400, function(){
  alert('スライドトグルしました');
});
```

➡解 説

.slideUp()は、要素の高さを、元の高さから0まで徐々に変化させます。逆に、.slideDown()は、要素の高さを0から元の高さまで徐々に変化させます。.slideToggle()は、要素が表示されているかどうかによって、.slideUp()または.slideDown()のいずれかの効果を実行します。例えば、対象要素がスライドアップしている状態であれば.slideDown()、スライドダウンしている状態であれば.slideUp()を実行する動作を付与可能です。

これらの関数の第1引数は、アニメーション効果にかける時間です。「fast(速く)」「slow(遅く)」といった文字列での指定の他、ミリ秒単位の数値でも指定できます。なお、fastは200ミリ秒、slowは600ミリ秒を指定したのと同じになります。.fadeIn()および.fadeOut()では、この値は省略可能で、省略した場合は400ミリ秒が設定されたものとして実行されます。最後の引数は、アニメーションが完了したときに実行されるコールバック関数です。

SAMPLE

スライド効果

```
<body>
  <button class="main" href="#">main menu</button>
  <ul class="sub">
    <li>menu1</li>
    <li>menu2</li>
  </ul>
</body>
<script>
  //subクラスの要素を隠す
  $(".sub").hide();

  //mainクラスの要素をクリックしたらsubクラスの要素をslideToggleさせる
  $(".main").on('click', function(){
    $(".sub").slideToggle(400);
  });
</script>
```

■実行結果

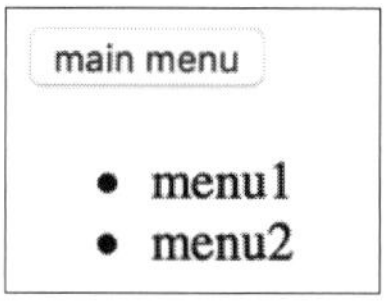

main クラスのボタンをクリックすると sub クラス内の「menu1」「menu2」が .slideToggle() メソッドによってスライドダウン、スライドアップします。「menu1」「menu2」は .hide() メソッドを用いて、ページを表示したときは非表示の状態にしています。

10.4 表示と非表示

▶書式

```
$(" 対象要素 ").show([ 効果時間 ], [ コールバック ]);
$(" 対象要素 ").hide([ 効果時間 ], [ コールバック ]);
$(" 対象要素 ").toggle([ 効果時間 ], [ コールバック ]);
$(" 対象要素 ").toggle( スイッチ );
```

例

```
$('div').show();
$('div').hide(600);
$('div').toggle('fast', function(){
  alert('toggle');
});

$('div').toggle(false);
```

➡解説

引数なしで実行された場合、.show()メソッドは隠された要素を直ちに表示します。反対に、.hide()メソッドは直ちに隠します。.show()メソッドは、displayプロパティがblockに設定されたのと同様であり、初期値がどのような値であったとしても復元できます。もともとdisplayプロパティがinlineに設定されていた要素が隠された後に.show()で表示された場合、設定はinlineの状態で表示されます。

第1引数の効果時間を指定して実行した場合、.show()も.hide()も、アニメーション効果が効きます。この場合のアニメーション効果は、要素の幅、高さ、透明度を同期的に増減させる形になります。「fast（速く）」「slow（遅く）」といった文字列での指定の他、ミリ秒単位の数値でも指定できます。なお、fastは200ミリ秒、slowは600ミリ秒を指定したのと同じになります。.show()および.hide()では、この値は省略可能で、省略した場合は400ミリ秒が設定されたものとして実行されます。.toggle()メソッドは、要素の現在の状態に応じて.show()または.hide()と同様の処理が行われます。例えば、要素の状態が.show()であれば.hide()、.hide()であれば.show()が実行されます。また、引数としてtrue/falseを指定した場合、true なら `.show()`、false なら `.hide()` 同様の処理が行われます。各メソッドの最後の引数は、処理が完了したときに実行されるコールバック関数です。

SAMPLE

表示と非表示

```
<style>
  span {
    display: none;
  }
</style>
</head>
<body>
  <p class="q">質問：本能寺の変は何年に起きた出来事でしょうか？</p>
  <button id="open">答えを見る</button>
  <button id="close">答えを隠す</button>
  <p class="a">天正10年（1582年）</p>
</body>
<script>
  $(".a").hide();

  $("#open").on('click', function(){
    $(".a").show(400);
  });
  $("#close").on('click', function(){
    $(".a").hide(400);
  });
</script>
```

■実行結果

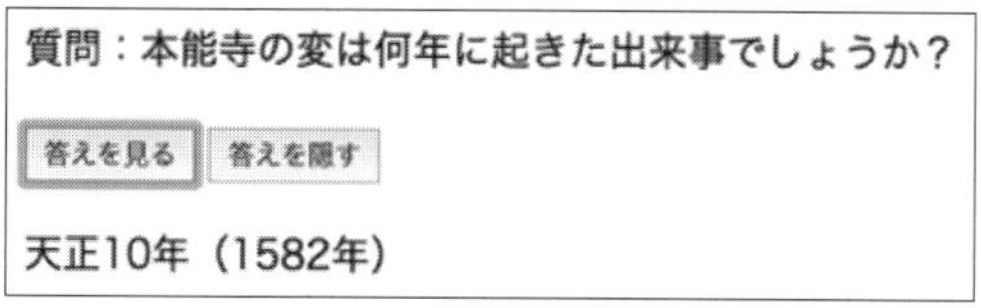

10.5 カスタムアニメーション

▶書式

```
$(" 対象要素 ").animate( CSSプロパティ配列 , [ 効果時間 ], [ 変化量 ], [ コールバック ]);
$(" 対象要素 ").animate( CSSプロパティ配列 , オプション配列 );
```

例

```
$("#img").animate({
  width: "70%",
  opacity: 0.4,
  marginLeft: "0.6in",
  fontSize: "3em",
  borderWidth: "10px"
}, 1500 );

$("#right").on('click', function() {
  $(".block").animate({ "left": "+=50px" }, "slow");
});
```

➡解説

.animate()は、数値で指定可能なCSSプロパティを使い、独自の視覚効果を作成できる汎用的なメソッドです。まず、第1引数には変化させるCSSプロパティの名前と最終的に到達する値を、連想配列の形で指定します。ここで使用できるのは、あくまでも「数値」で指定できるプロパティだけです。つまり、widthやheight、leftやrightなどは使用可能ですが、colorやtext-decorationなどは指定できません。また、「font-size」などのように名前に-（ハイフン）が含まれるものはハイフンを取り除いてハイフン直後の文字を大文字に変えたもの、いわゆるキャメルケースで指定しなくてはなりません。「font-size」の場合は「fontSize」、「margin-left」の場合は「marginLeft」となります。

各プロパティの値の単位は、基本的にピクセル数として認識されます。ただし、emや%などが使えるプロパティであれば、これらの単位を指定することも可能です。値には、最終的な値そのもの以外に、現在の値からの差分を指定することもできます。その場合は、差分値の前に「+=」「-=」を指定しましょう。さらに、widthやheightなどのプロパティの値には、数値以外にshow, hide, toggleの3つのキーワードが指定可能です。

第2引数は、フェード効果やスライド効果と同様に、アニメーション効果にかける時間です。「fast（速く）」「slow（遅く）」といった文字列での指定の他、ミリ秒単位の数値でも指定できます。なお、fastは200ミリ秒、slowは600ミリ秒を指定したのと同じになります。`.fadeIn()`または`.fadeOut()`では、この値は省略可能で、省略した場合は400ミリ秒が設定されたものとして実行されます。

第3引数は、アニメーション時間内で各プロパティ値を変化させる際の、変化量の増減の仕方を指定します。デフォルトで指定可能なのは「linear」と「swing」だけで、前者は時間に沿って段階的に、後者は波のようにうねりのある変化の仕方をします。また、この引数に独自の関数を渡すことで、アニメーションの仕方もカスタマイズできます。

最後の引数は、アニメーションが完了したときに実行されるコールバック関数です。もうひとつの書式は、第1引数のCSSプロパティは同じですが、第2引数として各種のパラメータを連想配列で渡します。パラメータには、次のキーが指定可能です。

▼表10.1　.animate()のパラメータ

パラメータ	説明
duration	アニメーション効果にかける時間
easing	変化量（linear, swingまたは独自定義の関数名）
queue	アニメーション効果をfxキューに登録するかどうかをtrue/falseで設定
specialEasing	CSSプロパティ個別に変化量を連想配列として指定
step	アニメーションのステップごとに実行される関数
progress	各アニメーションのステップ後に、アニメーションプロパティの数に関係なく、アニメーション要素ごとに1度だけ実行されるコールバック関数
complete	アニメーション終了時に実行されるコールバック関数
start	アニメーション開始時に実行されるコールバック関数
done	アニメーション終了後に実行されるコールバック関数
fail	アニメーションの完了が失敗したときに実行されるコールバック関数
always	アニメーション完了の成功・失敗に限らず、完了または停止したときに実行されるコールバック関数

最後のパラメータの後に「,（カンマ）」を付けないように注意してください。Internet Explorerではエラーになります。

SAMPLE

(1) サイズと透明度の変更

```
<style>
  img {
    width: 150px;
    margin-left: 50px;
    border: 2px solid green;
  }
</style>
</head>
<body>
  <button id="btn">click</button>
  <img src="img/enpitsu.png">
</body>
<script>
  $("#btn").on('click', function(){
    $("img").animate({
      width: "300px",
      opacity: 0.5,
      borderWidth: "10px",
      marginLeft: "20px"
    }, 1500);
  });
</script>
```

■実行結果

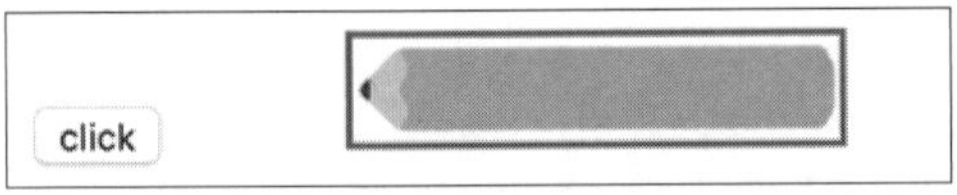

[click] ボタンをクリックすると緑の枠 (border) とimgタグに指定した画像のサイズを変更し、opacityで画像の透明度を変更します。
第2引数にはアニメーションにかかる時間を1500ミリ秒と設定しています。border-widthやmargin-leftはキャメルケース (ハイフンが含まれるプロパティ名からハイフンを取り除いてハイフン直後の文字を大文字に変えたもの) でないと指定できないため、「borderWidth」、「marginLeft」と記述します。

(2) ボタンで画像を左右へ動かす

```
<style>
  img {
    position: absolute;
    width: 150px;
    margin: 5px;
  }
</style>
</head>
<body>
  <button id="move">進む</button>
  <button id="return">戻る</button>
  <img src="img/car.png">
</body>
<script>
  $("#move").on('click', function(){
    $("img").animate({left: "+=50px"}, "slow");
  });
  $("#return").on('click', function(){
    $("img").animate({left: "-=50px"}, "slow");
  });
</script>
```


■実行結果

.animate() メソッドで、imgタグで指定した画像のleftプロパティを現在位置からの相対で指定します。[進む] ボタンをクリックすると現在位置の左（left）からプラス50px移動、[戻る] ボタンをクリックすると現在位置の左（left）からマイナス50px移動します。要素が配置されている位置を基点としてアニメーションが行われるため、CSSにおけるpositionの設定に気を付けましょう。

10.6 アニメーションを停止する

▶書式

```
$(' 対象要素 ').stop( [ キューのクリア ], [ アニメーション完了 ] );
```

例

```
$('img').stop();
```

➡解説

実行中のアニメーションを停止します。第1引数は、fxキューをクリアするかどうかをtrueまたはfalseで指定します。trueを指定すると、fxキューに登録されている他のアニメーション効果もクリアされ、実行されなくなります。第2引数は、アニメーションを完了させるかどうかをtrueまたはfalseで指定します。trueを指定すると、停止と同時に各CSSプロパティの値がアニメーションの最終的な到達地点にセットされます。

SAMPLE

アニメーションを停止する

```
<style>
  img {
    position: absolute;
    width: 150px;
    margin: 5px;
  }
</style>
</head>
<body>
  <button id="move">進む</button>
  <button id="stop">止まる</button>
  <button id="return">戻る</button>
  <img src="img/car.png">
</body>
<script>
  //アニメーション
  $("#move").on('click', function(){
```

```
    $("img").animate({left: "+=400px"}, 2000);
  });

  //止まるボタンでアニメーション停止
  $("#stop").on('click', function(){
    $("img").stop();
  });

  //反対方向にアニメーション
  $("#return").on('click', function(){
    $("img").animate({left: "-=200px"}, 2000);
  });
</script>
```

■実行結果

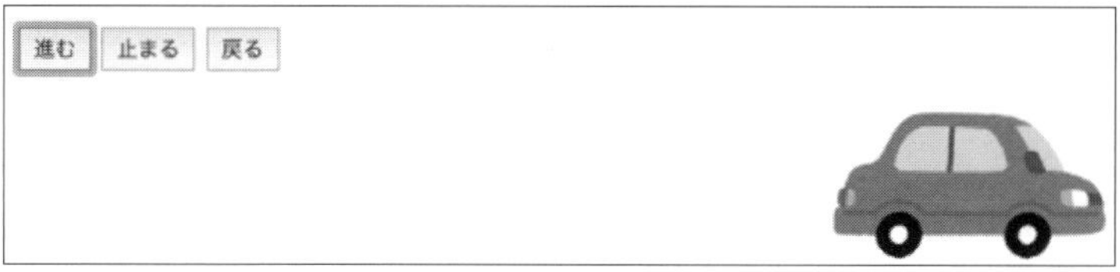

.animate()メソッドでleftプロパティを現在位置からの相対で指定します。[進む] ボタンをクリックすると現在位置の左 (left) からプラス400px移動、[戻る] ボタンをクリックすると現在位置の左 (left) からマイナス200px移動することになります。[進む] [戻る] ボタンで画像がアニメーションしている最中に [止まる] ボタンをクリックすると、その瞬間.stop()メソッドによりアニメーションが停止します。要素が配置されている位置を基点としてアニメーションが行われるため、CSSにおけるpositionの設定に気を付けましょう。

10.7 視覚効果のキューを操作する

▶書式

```
$(" 対象要素 ").queue( [ キュー名 ] );
$(" 対象要素 ").queue( [ キュー名 ] 関数の配列 );
$(" 対象要素 ").queue( [ キュー名 ] コールバック );

$(" 対象要素 ").dequeue( [ キュー名 ] );
$(" 対象要素 ").clearQueue( [ キュー名 ] );
$(" 対象要素 ").delay( 待ち時間 , [ キュー名 ] );
```

例

```
$('div').queue();
$('div').queue('fx', []);
$('div').queue('fx', function(){ 処理… });

$('div').dequeue();
$('div').clearQueue();
$('div').delay(3000);
```

➡解説

.animate()メソッドを連続して実行すると、それぞれのアニメーション効果は「キュー(queue)」に登録され、順に実行されます。キューはDOM要素ごとに1つまたは複数持てますが、複数のキューが必要になることはほとんどないでしょう。jQueryでは、特に指定しない限り、視覚効果には「fx」という名前のキューを使用します。

.queue()メソッドは、引数を省略、またはキュー名だけを指定した場合、既存のキューの内容を引数の配列に含まれる関数で置き換えます。コールバック関数を指定した場合、キューの最後に指定した新しい関数を追加できます。

.dequeue()メソッドは、キューから関数を1つ取り出し、実行します。.clearQueue()メソッドは、キューからすべての関数を削除します。アニメーション効果に関するキューに限定すれば、.stop(true)を実行するのとほぼ同義です。.delay()は、キューの関数と関数の間の待ち時間を指定します。

SAMPLE

animate()メソッドでdiv要素を移動させる

```
<style>
  div {
    width: 50px;
    height: 50px;
    background-color: blue;
    position: absolute;
  }
</style>
</head>
<body>
  <button id="start">スタート</button>
  <button id="clear">クリア</button>
  <div></div>
</body>
<script>
  $(document).ready(function(){
    $("#start").on('click', function(e){
      $("div").css("backgroundColor", "blue");
      $("div").animate({left: '+=200px'}, 1500);
      $("div").delay(1000);
      $("div").animate({top: '+=100px'}, 400);
      $("div").delay(3000);

      $("div").queue(function(){
        $("div").css("backgroundColor", "red");
        $("div").dequeue();
      });
    });

    $("#clear").on('click', function(){
      $("div").clearQueue();
    });
  });
</script>
```

■実行結果

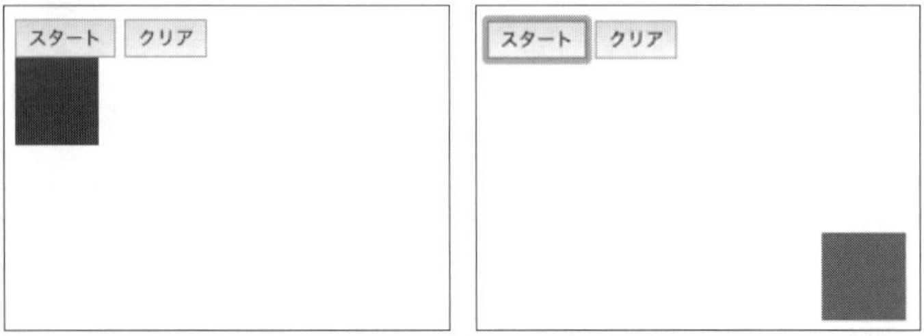

.queue()メソッドで上に記述したアニメーションが終了したら次のアニメーションを実行するよう記述しているため、1つ目の.click()メソッド内の処理が完了した後に.queue()メソッドが実行されます。動きとして、青い正方形のdiv要素が左から200px、上から100px移動したのちdiv要素の背景色（backgroundColor）が赤色に変わります。［クリア］ボタンをクリックすると.clearQueue()メソッドによりアニメーションが途中で終了し、再度スタートボタンをクリックするとまたはじめからアニメーションが行われます。

11

Ajax

11.1 Ajaxの設定パラメータ

Ajaxでは、Webサーバとの通信を、さまざまな設定でコントロールします。jQueryのAjax機能で設定・参照が可能な各種パラメータは次のとおりです。

- **accepts**（既定値：データ型による）
  返り値としてどのような型を受け入れるかをWebサーバに伝えるために、データ型名とMIMEタイプのkey/valueペアをオブジェクトとして指定します。ここで指定するデータ型は、後述するconvertersパラメータにも定義しておく必要があります。

- **always**
  リクエスト成功、失敗にかかわらず実行される処理です。jQuery 1.8からcomplete関数が非推奨となり、jQuery 3.0で廃止されました。代わりにjQuery 1.5から追加されたalways関数を使用する必要があります。

- **async**（既定値：true）
  非同期通信スイッチです。このスイッチがtrueの場合、Webサーバとの通信は非同期で行われます。同期通信を行う場合はfalseを指定する必要があり、その際は通信が完了するまでブラウザの操作はできなくなります。また、クロスドメインのリクエストと「jsonp」データ型のリクエストは同期通信をサポートしません。jQuery 1.8以降では、`.success()`, `.error()`, `.complete()`の各メソッドは、それぞれ`.done()`, `.fail()`, `.always()`に置き換えるか、`$.Deferred`を用いた書き方に変更することになりました。詳細は13章を参照してください。

- **beforeSend(jqXHRオブジェクト, 設定値オブジェクト) メソッド**
  jQuery 1.5から、`$.ajax()`は従来のXMLHTTPRequestオブジェクトを拡張した「jqXHR」オブジェクトを返すようになりました。`beforeSend()`はサーバにリクエストを送信する前に実行されるメソッドですが、このメソッドの引数もjqXHRオブジェクトに変更されています。このメソッドの戻り値としてfalseを返すと、リクエストの送信はキャンセルされます。

```
$.ajax({
  url: "test.html",
  type: 'get',
```

```
  beforeSend: function() {
    var date = new Date();
    if (date.getDay() === 0) {
      // 日曜日に実行した場合はログを出力して処理を行わない
      console.log('日曜日は定休日です。');
      return false;
    }
  }
}).then(function () {
  console.log('処理完了');
});
```

- **cache**（既定値：true ただし'script'と'jsonp'データ型ではfalse）
  通信結果をキャッシュするかどうかのスイッチです。既定値はtrueですが、データタイプがscriptまたはjsonpの場合はfalseにセットされます。なお、falseが正しく効くのは、HEADとGETリクエストの場合だけです。

- **contents**
  レスポンスデータの形式がここで指定した形式（正規表現）と一致した場合、以後その形式としてデータを処理します。

```
$.ajax({
  url: "target.csv",
  contents: {"csv": /csv/}
}).then(function (response) {
  // response内のデータはcsvデータとして処理されます。
});
```

- **contentType**（既定値：'application/x-www-form-urlencoded;charset=UTF-8''）
  サーバへのデータ送信時にcontent-typeヘッダとして使用するMIMEタイプの値です。

- **context**
  Ajax関連のコールバックが対象とする、ドキュメントの「範囲」を指定します。例えば次の例では、リクエスト成功時のコールバック内で、`$(this)`が`document.body`を指すことになります。

```
$.ajax({
  url: "test.html",
```

```
  context: document.body,
}).done( function() {
  $(this).addClass("done");
});
```

- **converters**（既定値：{"* text": window.String, "text html": true, "text json": jQuery.parseJSON, "text xml": jQuery.parseXML}）
  dataType関数で指定したタイプに対する独自パーサが定義できます。
  これによりデフォルトで処理できないMIMEタイプデータを受け取った場合でも、独自のパーサを作成した上で処理を行い、結果をdoneメソッドに渡せます。

```
$.ajax({
  url: "test.json",
  dataType: "json customConversion",
  converters: {
    "text customConversion": function (data) {
      console.log("do custom conversion.");

      // ここで独自のパーサを構築し処理を行う
      converted_data = ...

      return converted_data;
    }
  }
}).then(function (response) {
  // パースしたデータを元に処理を行う
    console.log(response);
});
```

- **crossDomain**（既定値：同一ドメインのリクエストはfalse、クロスドメインのリクエストはtrue）
  同じドメイン上で他のドメインへリダイレクトを行いたい時など強制的にクロスドメインリクエストを行いたい場合はtrueに設定します。

```
$.ajax({
  crossDomain: true
});
```

- **data**

サーバに送信するデータを、オブジェクトまたは文字列（QUERY_STRING）で指定します。

- **dataFilter(data, type)関数**

サーバから返されるデータを処理するフィルタ関数。データ中のメタ文字を除去したり、HTMLタグを文字実体参照に変換したりといった操作を行うのに便利です。

- **dataType**（既定値：自動判別（xml, json, script, html））

サーバから返されるデータの形式を指定します。指定がない場合、jQueryは結果から自動判別を試みます。有効なデータタイプは次のとおりです。

  - "xml" … XMLドキュメント
  - "html" … HTMLドキュメント
  - "script" … JavaScript
  - "json" … JSON（JavaScript Object Notation）フォーマットのデータ
  - "jsonp" … jsonp（JSON with padding）フォーマットのデータ
  - "text" … テキスト

上記以外の場合、独自のパーサを組み込むことで対応が可能です（converters関数参照）。

注：jQuery 1.5から半角スペースで区切ることによってそれぞれの変換処理の順番を指定できるようになりました。例えば"text xml"と指定した場合は、レスポンスデータがテキストの場合、XMLデータとして処理を行います。
また、"jsonp text xml"の場合、JSONPデータをまずテキストデータとして取得し、XMLデータとして処理を行います。
この時に"jsonp xml"と指定した場合、まずJSONPデータをXMLデータへ変換し、もし失敗した場合はテキストデータとして中間処理を行った上で再度XMLデータとして処理を行います。

- **done**

リクエスト成功時に実行されるコールバック関数です。

注：jQuery 1.8からsuccess関数が非推奨となり、jQuery 3.0で廃止されました。代わりにv1.5で追加されたdone関数を使用する必要があります。例えばcontext関数にて記載した例は次のように記述することもできます。

```
$.ajax({
  url: "test.html",
  context: document.body
```

11

```
}).done(function () {
  $(this).addClass("done");
});
```

- **global**（既定値：true）

  Ajaxグローバルイベントを実行するかどうかのスイッチです。ajaxStartイベントやajaxStopイベントに対してイベントハンドラを実行させたくない場合はfalseに設定します。

- **headers**

  追加で送信したいヘッダをオブジェクトとして渡します。ヘッダの値は`beforeSend()`メソッドで上書きすることもできます。

```
$.ajax({
  headers: {
    "X-Sample-Header": "hogefuga"
  }
});
```

- **ifModified**（既定値：false）

  trueに設定した場合、サーバから返されるLast-Modifiedヘッダの値に応じて、前回の通信から変更がある場合だけコールバック関数を実行します。

- **isLocal**

  処理を強制的に「ローカル」と認識させるためのスイッチです。デフォルトでは、プロトコルが「file」「*-extension」「widget」のいずれかのときはローカルとして扱われますが、これを変更したい場合は`$.ajaxSetup()`でisLocalの値を変更します。

- **jsonp**

  jsonpリクエストのコールバック名が「callback」ではない場合に、別のコールバック名を指定します。例えば、`{jsonp:'onJsonPLoad'}`と指定すると、サーバへのリクエストに`'onJsonPLoad=?'`が付加されます。

- **jsonpCallback**

  jsonpリクエストのコールバック関数名を指定します。

- **method**（既定値：GET）
「POST」「GET」「PUT」など、HTTPリクエストに利用されるメソッドを指定します。

- **mimeType**
XHR MIMEタイプを変更する際に指定します。

- **password**
HTTP通信で認証が必要な場合にパスワードを指定します。

- **processData**（既定値：true）
dataに指定した、サーバへ送信するデータを、QUERY_STRINGに変換するかどうかのスイッチです。

- **scriptAttrs**
「script」または「jsonp」のリクエストの際に追加のアトリビュートをオブジェクトとして定義します。例えば、Content Security Policy（CSP）の要求を満たすために「nonce」「integrity」「crossorigin」といったアトリビュートを設定する際に利用します。

- **scriptCharset**
dataTypeがjsonpまたはscriptの場合に、ブラウザ上のページとサーバ側のキャラクタセットが異なる場合に指定します。scriptの場合には、`scriptAttrs`でcharsetを指定することでも代替できます。

- **statusCode**
HTTPステータスコードに応じた処理を記述できます。例えば次の例では、404（Not Found）のときにアラートダイアログを表示します。

```
$.ajax({
  statusCode: {
    404: function() {
      alert( "ページがみつかりません！" );
    }
  }
});
```

- **timeout**
サーバとの通信のタイムアウト時間をミリ秒単位で指定します。

- **traditional**
  古い変換方式でパラメータ変換したい場合はtrueを指定します。

- **type**（既定値：'GET'）
  methodの別名で、jQuery 1.9.0以前のバージョンとの互換性のために残っています。

- **url**（既定値：現在のページ）
  リクエスト送信先のURLです。

- **username**
  HTTP通信で認証が必要な場合に、ユーザ名を指定します。

- **xhr関数**
  jqXHRオブジェクトが作成されたときに実行されるコールバック関数です。

- **xhrFields**
  XHRオブジェクトに設定するパラメータをオブジェクトとして渡します。

```
$.ajax({
  xhrFields: {
    withCredentials: true
  }
});
```

11.2 Ajaxの設定をコントロールする

▶ 書式

```
jQuery.ajaxSetup( オプション )
$.ajaxSetup( オプション )
```

例

```
$.ajaxSetup({
  url: "/test/test.html",
  type: "POST"
});
```

➡解 説

$.ajaxSetup()は、前節で紹介した各種のAjax用パラメータを、引数として与えられた「オプション」オブジェクトの内容で設定します。$.ajaxSetup()で設定したパラメータは、後で個別のAjaxリクエストメソッドで変更することも可能です。

SAMPLE

(1) Ajaxレスポンスをキャッシュしないように設定する

```
$.ajaxSetup({
  cache: false
});
```

(2) dataTypeを"html"に設定する

```
$.ajaxSetup({
  dataType: "html"
});
```

11.3 HTTPリクエストを送信してレスポンスを受け取る

▶書 式

```
$.get( URL, [ データ ], [ コールバック( データ , テキスト⏎
ステータス , jqXHR )], [データタイプ])
$.post(url, [ データ ], [ コールバック( データ, テキスト⏎
ステータス , jqXHR )], [データタイプ])
```

例

```
$.get('test.php', function(data) {
  $('.result').html(data);
});

$.post('test.html', { param1: "hello", param2: "world" }, ⏎
function(data) {
  $('.result').html(data);
});
```

➡解説

`$.get()`はGETメソッド、`$.post()`はPOSTメソッドで、Webサーバにリクエストを送信し、レスポンスを受け取ります。引数は共通です。

まず第1引数「URL」として、リクエストの送信先のURLを指定します。

第2引数「データ」には、サーバに送信するデータをオブジェクト（連想配列）で記述します。このデータは「?param1=hello&param2=world」のように整形され、サーバに渡されます。また、jQuery 1.3以降「?param1=hello&param2=world」のような文字列をそのまま渡すことも可能になりました。

第3引数「コールバック」には、リクエストの成功時に実行されるコールバック関数を指定します。コールバック関数の引数は、

- データ … レスポンスデータ
- テキストステータス … 通信の結果を表す文字列
- jqXHR … jqXHRオブジェクト

となります。

第4引数「データタイプ」は、サーバから返されると予測されるデータ形式に応じて、"xml", "html", "script", "json", "jsonp", "text"のいずれかを指定します。

なお、第2引数以降は省略することも可能です。

これらのメソッドは`$.ajax()`メソッドの短縮形ですが、Promiseインターフェースによって、`.get()`メソッド、`.post()`メソッドのような短縮されたメソッドでも`.done()`, `.fail()`, `.always()`チェーンが使えるようになりました。なおjQuery 3.0で`.success()`, `.error()`, `.complete()`は廃止されていますので、それぞれ`.done()`, `.fail()`, `.always()`で置き換えてください。

```
var jqxhr = $.get('test.php', function(data) {
  $('.result').html(data);
})
.done(function() {
})
.fail(function() {
})
.always(function() {
});
```

```
var jqxhr = $.post('test.html', { param1: "hello", param2: "world" }, ↲
function(data) {
  $('.result').html(data);
})
.done(function() {
})
.fail(function() {
})
.always() {
});
```

SAMPLE

HTTPサーバとGETメソッドで通信する

```
<body>
<div class="main">
  <div class="header">
    <h1>jQueryポケットリファレンス</h1>
  </div>
  <div class="content">
    <form>
      姓<br><input class="form-input" type="text" name="lastname"><br>
      名<br><input class="form-input" type="text" name="firstname"><br>
      メールアドレス<br><input class="form-input" type="text" name=↲
"email"><br>
      電話番号<br><input class="form-input" type="text" name="phone"><br>
      職業<br>
      <select multiple class="form-input" name="job">
        <option value="">----選択してください----</option>
        <option value="employee">会社員</option>
        <option value="self-employed">自営業</option>
        <option value="student">学生</option>
        <option value="homemaker">主婦・主夫</option>
      </select><br>
      <button class="button" type="button" name="submit">送信</button>
    </form>
    <div class="desc"></div>

  </div>
  <div class="footer">
```

```
    <hr>
    <p class="copyright">2019 xxxx all rights reserved.</p>
  </div>
</div>
<script>
$(document).ready(function(){
  $('.button').on('click', function() {
    var param = new Object();
    param.lastname = $('input[name=lastname]').val();
    param.firstname = $('input[name=firstname]').val();

    $.get(
      'sample11-1.php',
      param,
      function(data, textStatus, jqxhr) {
        console.log(jqxhr);
        $('.desc').html('姓名は' + data + 'です');
      }
    );
  });
});
</script>
</body>
```

【sample11-1.php】

```
<?php
$lastname = filter_input(INPUT_GET, 'lastname');
$firstname = filter_input(INPUT_GET, 'firstname');
echo htmlspecialchars($lastname . $firstname);
```

■実行結果

11.4 HTTPリクエストを送信し、受け取ったレスポンスをDOMに挿入する

▶書式

```
$( 対象要素 ).load( URL , [ データ ], [ コールバック ])
```

例

```
$('div').load('test.html', function(data) {
  alert('loaded');
});
```


➡解説

注：jQuery 3.0で廃止された、同名のイベントハンドラメソッド「.load()」とは異なるメソッドです。以前のjQueryでは引数に応じてどのメソッドを実行するか決定していましたが、jQuery 3.0以降.load()はAjaxで利用されるこちらのメソッドだけになります。

HTTPサーバにリクエストを送信し、レスポンスで得たデータをDOM要素に挿入します。

第1引数は「URL」として、リクエストの送信先のURLを指定します。

第2引数「データ」には、サーバに送信するデータをオブジェクト（連想配列）で記述します。このデータは「?param1=hello&param2=world」のように整形され、サーバに渡されます。また、jQuery 1.3以降「?param1=

hello&param2=world」のような文字列をそのまま渡すことも可能になりました。

第3引数「コールバック」には、リクエストの成功時に実行されるコールバック関数を指定します。コールバック関数の引数は、

- データ … レスポンスデータ
- テキストステータス … 通信の結果を表す文字列
- jqXHR … jqXHRオブジェクト

となります。

なお、第2引数以降は省略することも可能です。

第2引数のデータがオブジェクトとして渡された場合、サーバとの通信はPOSTメソッドで行われます。それ以外の場合は、GETメソッドになります。

SAMPLE

DOM要素にサーバから取得したデータを挿入する

```
<body>
<div class="main">
  <div class="header">
    <h1>jQueryポケットリファレンス</h1>
  </div>
  <div class="content">
    <form>
      姓<br><input class="form-input" type="text" name="lastname"><br>
      名<br><input class="form-input" type="text" name="firstname"><br>
      メールアドレス<br><input class="form-input" type="text" name=
"email"><br>
      電話番号<br><input class="form-input" type="text" name="phone"><br>
      職業<br>
      <select multiple class="form-input" name="job">
        <option value="">----選択してください----</option>
        <option value="employee">会社員</option>
        <option value="self-employed">自営業</option>
        <option value="student">学生</option>
        <option value="homemaker">主婦・主夫</option>
      </select><br>
      <button class="button" type="button" name="submit">送信</button>
```

```
    </form>
    <div class="desc"></div>

  </div>
  <div class="footer">
    <hr>
    <p class="copyright">2019 xxxx all rights reserved.</p>
  </div>
</div>
<script>
$(document).ready(function(){
  $('.button').on('click', function() {
    var param = new Object();
    param.lastname = $('input[name=lastname]').val();
    param.firstname = $('input[name=firstname]').val();

    $('.desc').load(
      'sample11-2.php',
      param,
      function(data, textStatus, jqxhr) {
        console.log(jqxhr);
      }
    );
  });
});
</script>
</body>
```

【sample11-2.php】

```
<?php
$lastname = filter_input(INPUT_POST, 'lastname');
$firstname = filter_input(INPUT_POST, 'firstname');
echo htmlspecialchars($lastname . $firstname);
```

11.5 JSONエンコードされたデータをサーバから取得する

▶書式

```
$.getJSON( URL , [ データ ], [ コールバック ] )
```

例

```
$.getJSON('sample.php',
  {param1: 'hello', param2: 'world'},
    function(data, textStatus, jqXHR) {
      alert('get JSON');
    }
);
```

➡解説

JSON（JavaScript Object Notation）は、JavaScriptのオブジェクトの表記方法に基づく、データの記述言語の一種です。JavaScriptとは非常に親和性が高く扱いやすいため、特にAjaxにおけるJavaScriptとサーバの間のデータ交換にはよく使われています。

`$.getJSON()`メソッドは、Webサーバにリクエストを送信し、サーバ側のプログラムが出力するJSONエンコードされたデータを取得します。

第1引数「URL」として、リクエストの送信先のURLを指定します。

第2引数「データ」には、サーバに送信するデータをオブジェクトで記述します。このデータは「?param1=hello&param2=world」のように整形され、サーバに渡されます。また、jQuery 1.3以降「?param1=hello&param2=world」のような文字列をそのまま渡すことも可能になりました。

第3引数「コールバック」には、リクエストの成功時に実行されるコールバック関数を指定します。コールバック関数の引数は、

- データ … レスポンスデータ
- テキストステータス … 通信の結果を表す文字列
- jqXHR … jqXHRオブジェクト

となります。jQuery 1.5から、コールバック関数は従来のXMLHttpRequestを拡張したjqXHRオブジェクトを返すようになりました。

なお、第2引数以降は省略することも可能です。

成功時のコールバック関数では、レスポンスとしてJSONエンコードされたデータを受け取ります。JavaScriptからは、このデータを通常のJavaScriptのオブジェクトとして扱えます。

SAMPLE

サーバからJSONエンコードされたデータを取得する

```
<body>
<div class="main">
  <div class="header">
    <h1>jQueryポケットリファレンス</h1>
  </div>
  <div class="content">
    <form>
      姓<br><input class="form-input" type="text" name="lastname"><br>
      名<br><input class="form-input" type="text" name="firstname"><br>
      メールアドレス<br><input class="form-input" type="text" name="email"><br>
      電話番号<br><input class="form-input" type="text" name="phone"><br>
      職業<br>
      <select multiple class="form-input" name="job">
        <option value="">----選択してください----</option>
        <option value="employee">会社員</option>
        <option value="self-employed">自営業</option>
        <option value="student">学生</option>
        <option value="homemaker">主婦・主夫</option>
      </select><br>
      <button class="button" type="button" name="submit">送信</button>
    </form>
    <div class="desc"></div>

  </div>
  <div class="footer">
    <hr>
    <p class="copyright">2019 xxxx all rights reserved.</p>
  </div>
</div>
<script>
$(document).ready(function(){
  $('.button').on('click', function() {
    var param = new Object();
```

```
    param.lastname = $('input[name=lastname]').val();
    param.firstname = $('input[name=firstname]').val();

    $.getJSON(
      'sample11-3.php',
      param,
      function(data, textStatus, jqxhr) {
        $('.desc').html('姓名は' + data.lastname + data.firstname + ⏎
'です');
      }
    );
  });
});
</script>
</body>
```

【sample11-3.php】

```
<?php
$data = array();
$data['lastname'] = filter_input(INPUT_GET, 'lastname');
$data['firstname'] = filter_input(INPUT_GET, 'firstname');
echo json_encode($data);
```

11.6 JavaScriptファイルをサーバから取得する

▶ 書式

```
jQuery.getScript( URL , [ コールバック ] )
$.getScript( URL , [ コールバック ] )
```

例

```
$.getScript('test.js', function() {
  alert('Script loaded.');
});
```

➡解説

$.getScript() メソッドは、WebサーバからJavaScriptファイルを読み込みます。

第1引数「URL」として、リクエストの送信先のURLを指定します。

第2引数「コールバック」には、リクエストの成功時に実行されるコールバック関数を指定します。コールバック関数の引数は、

- データ … レスポンスデータ
- テキストステータス … 通信の結果を表す文字列

となります。

なお、第2引数は省略することも可能です。

SAMPLE

サーバからJavaScriptファイルを読み込み実行する

```
<body>
<div class="main">
  <div class="header">
    <h1>jQueryポケットリファレンス</h1>
  </div>
  <div class="content">
    <form>
      姓<br><input class="form-input" type="text" name="lastname"><br>
      名<br><input class="form-input" type="text" name="firstname"><br>
      メールアドレス<br><input class="form-input" type="text" name="email"><br>
      電話番号<br><input class="form-input" type="text" name="phone"><br>
      職業<br>
      <select multiple class="form-input" name="job">
        <option value="">----選択してください----</option>
        <option value="employee">会社員</option>
        <option value="self-employed">自営業</option>
        <option value="student">学生</option>
        <option value="homemaker">主婦・主夫</option>
      </select><br>
      <button class="button" type="button" name="submit">送信</button>
    </form>
    <div class="desc"></div>

  </div>
  <div class="footer">
```

```
    <hr>
    <p class="copyright">2019 xxxx all rights reserved.</p>
  </div>
</div>
<script>
$(document).ready(function(){
  $('.button').on('click', function() {
    $.getScript('sample11-4.js',
      function(data, textStatus) {
        getScriptSuccess($('input[name=lastname]').val());
      }
    );
  });
});
</script>
</body>
```

【sample11-4.js】

```
function getScriptSuccess(name) {
  alert(name);
}
```

■実行結果

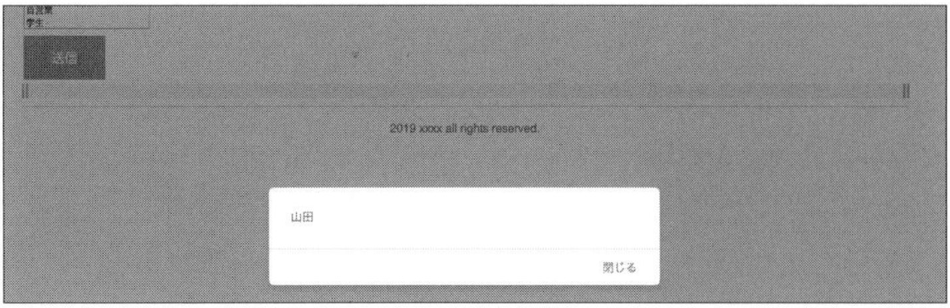

11.7 Ajaxのリクエストを送信し、レスポンスを受け取る

▶書式

```
$.ajax( URL , [ セッティング ] )
$.ajax([ セッティング ] )
```

例

```
$.ajax(
  "test.php"
).done(function() {
  alert('成功！');
});
```


➡解説

$.get()や$.post()など、jQueryの短縮形Ajaxメソッドの大本になるのが、この$.ajax()メソッドです。引数には、通信先のURLと、本章の最初に一覧で紹介した各設定パラメータを「名前:キー」のペアでオブジェクトとして指定します。または、URLも設定パラメータのひとつに「url:値」として含めることも可能です。

もちろん、設定パラメータは必要なものだけ記述し、不要なものは省略できます。省略したパラメータに関しては、既定値が指定されたものとみなされます。

jQuery 1.5以降、$.ajax()メソッドはjqXHRオブジェクトを返すようになりました。jqXHRオブジェクトはPromiseに対応しているので、.done(), .fail(), .always()の各メソッドを使ってAjax処理を一元的に記述できるようになっています。

また、jQuery 1.5.1では、jqXHRオブジェクトに一時jQuery 1.5で廃止されていた`.overrideMimeType()`メソッドが再度追加されました。Ajaxではサーバからのレスポンスを UTF-8エンコーディングで受け取ろうとするため、サーバから返されるファイルやデータが例えばShift JISエンコーディングの場合などは文字化け等の不具合が発生します。これは、`.overrideMimeType()`メソッドをbeforeSendに指定したコールバック関数で実行することで回避できます。

```
<script>
$(document).ready(function(){
  $('.button').on('click', function() {
    $.ajax({
      url: "test.csv",
      dataType: 'text',
      beforeSend: function( xhr ) {
        xhr.overrideMimeType( "text/html; charset=Shift_JIS" );
      }
    })
    .done(function( data ) {
      $('.desc').html( data.slice( 0, 100 ));
    });
  });
});
</script>
```

■実行結果

SAMPLE

$.ajax()メソッドでHTTPサーバと通信する

```
<body>
<div class="main">
  <div class="header">
    <h1>jQueryポケットリファレンス</h1>
  </div>
  <div class="content">
    <form>
      メールアドレス<br><input class="form-input" type="text" name=↵
"email"><br>
      電話番号<br><input class="form-input" type="text" name="phone"><br>
      <button class="button" type="button" name="submit">送信</button>
    </form>
    <div class="desc"></div>

  </div>
  <div class="footer">
    <hr>
    <p class="copyright">2019 xxxx all rights reserved.</p>
  </div>
</div>
<script>
$(document).ready(function(){
  $('.button').on('click', function() {
    var param = new Object();
    param.email = $('input[name=email]').val();
    param.phone = $('input[name=phone]').val();

    $.ajax({
      url: 'sample11-6.php',
```

```
      data: param,
      dataType: 'json'
    })
    .done(function( data ) {
      console.log(data);
      $('.desc').append( 'メールアドレス：' + data.email + '<br>電話番号：' + data.phone + '<br>');
    })
    .fail(function( data ) {
      $('.desc').append( '通信失敗！<br>' );
    })
    .always(function( data ) {
      $('.desc').append( '通信完了<br>' );
    })
  });
});
</script>
</body>
```

【sample11-6.php】

```
<?php
$data = array();
$data['email'] = filter_input(INPUT_GET, 'email');
$data['phone'] = filter_input(INPUT_GET, 'phone');
echo json_encode($data);
```

■実行結果

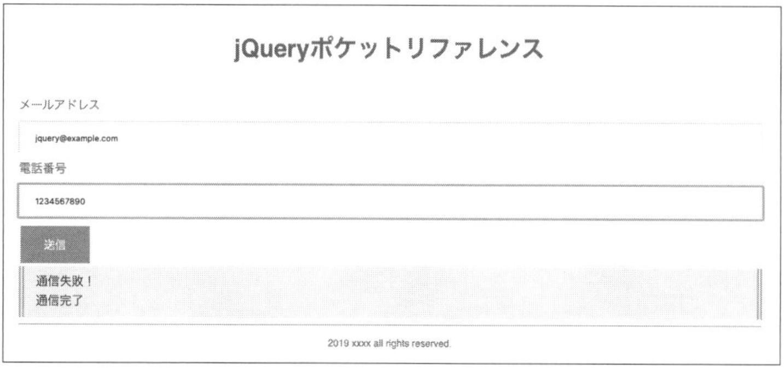

11.8 Ajaxプレフィルタ

▶書式

```
$.ajaxPrefilter( [ データタイプ ], イベントハンドラ )
```

例

```
$.ajaxPrefilter('json', function(opt, orig, jqxhr) {
:
});
```


➡解説

$.ajax()がコールされるごとにオプションを変更したい場合などに、フィルタとなる関数を設定するメソッドです。第1引数でデータタイプを指定することで、フィルタの対象となるデータタイプを限定できます。複数のデータタイプを対象とする場合はスペース区切りで指定してください。第2引数のイベントハンドラの引数は、

- オプション … リクエストされたオプション
- オリジナルオプション … $.ajax()メソッドに指定されたオプション
- jqXHR … jqXHRオブジェクト

となります。

SAMPLE

チェックボックスでGET/POSTメソッドを切り替える

```
<body>
<div class="main">
  <div class="header">
    <h1>jQueryポケットリファレンス</h1>
  </div>
  <div class="content">
    <form>
      メールアドレス<br><input class="form-input" type="text" name=↵
"email"><br>
      電話番号<br><input class="form-input" type="text" name="phone"><br>
      POSTで送る<input class="form-input" type="checkbox" name=↵
"sendpost" value="yes"><br>
      <button class="button" type="button" name="submit">送信</button>
    </form>
    <div class="desc"></div>

  </div>
  <div class="footer">
    <hr>
    <p class="copyright">2019 xxxx all rights reserved.</p>
  </div>
</div>
<script>
$(document).ready(function(){
  $('.button').on('click', function() {

    var post = $('input:checked').val();

    var param = new Object();
    param.email = $('input[name=email]').val();
    param.phone = $('input[name=phone]').val();

    $.ajaxPrefilter('json', function(options, originaloptions, jqxhr) {
      if (post) {
        options.type = 'POST';
        $('.desc').append('POSTで送信します...<br>');
      }
    });
```

```
    $.ajax({
      url: 'sample11-7.php',
      data: param,
      dataType: 'json'
    })
    .done(function( data ) {
      $('.desc').append( 'メールアドレス：' + data.email + '<br>電話番
号：' + data.phone + '<br>');
    })
    .fail(function( data ) {
      $('.desc').append( '通信失敗！<br>' );
    })
    .always(function( data ) {
      $('.desc').append( '通信完了<br>' );
    })
  });
});
</script>
</body>
```

【sample11-7.php】

```
<?php
$data = array();
if ($_SERVER["REQUEST_METHOD"] == 'POST') {
  $data['email'] = filter_input(INPUT_POST, 'email');
  $data['phone'] = filter_input(INPUT_POST, 'phone');
} else {
  $data['email'] = filter_input(INPUT_GET, 'email');
  $data['phone'] = filter_input(INPUT_GET, 'phone');
}
echo json_encode($data);
```

11

■実行結果

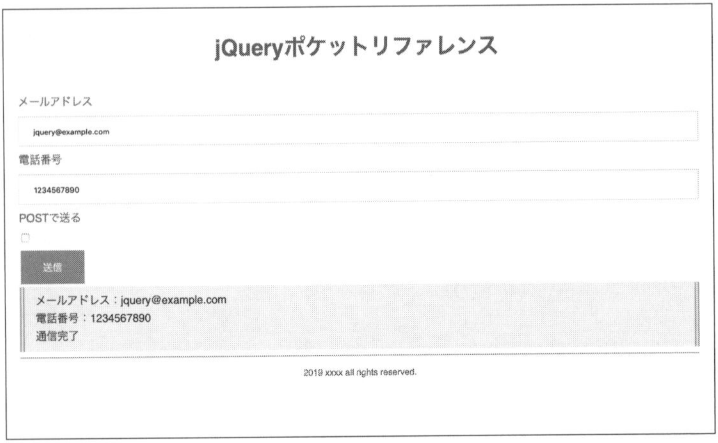
jQueryポケットリファレンス
メールアドレス
jquery@example.com
電話番号
1234567890
POSTで送る
送信
メールアドレス：jquery@example.com
電話番号：1234567890
通信完了
2019 xxxx all rights reserved.

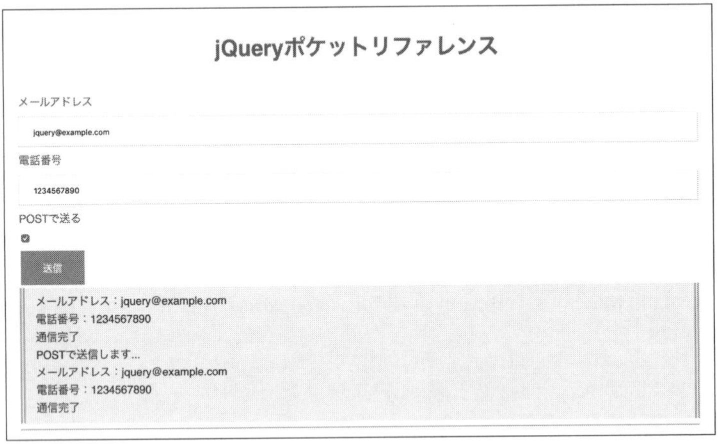
jQueryポケットリファレンス
メールアドレス
jquery@example.com
電話番号
1234567890
POSTで送る
送信
メールアドレス：jquery@example.com
電話番号：1234567890
通信完了
POSTで送信します...
メールアドレス：jquery@example.com
電話番号：1234567890
通信完了

11.9 Ajaxトランスポート

▶書式

```
$.ajaxTransport( データタイプ , イベントハンドラ )
```

例

```
$.ajaxTransport('script', function(opt, orig, jqxhr) {
  return {
    send: function(headers, completeCallback) {
    },
    abort: function() {
    }
  };
});
```

➡解説

`$.ajax()`が内部的にコールする、send（送信）メソッドとabort（中断）メソッドを置き換えます。`.ajaxPrefilter()`やconverterでは対応できない、より根本的な処理の変更を行う際に利用するメソッドです。

第1引数にはデータタイプ、第2引数にイベントハンドラを渡します。イベントハンドラの引数は、

- オプション … リクエストされたオプション
- オリジナルオプション … `$.ajax()`メソッドに指定されたオプション
- jqXHR … jqXHRオブジェクト

となります。

11.10 Ajaxイベントハンドラ

jQueryには、Ajax処理に向けた、便利なイベントハンドラ用のメソッドが用意されています。これらのイベントハンドラを活用することで、Ajax処理のさまざまなタイミングを捉え、必要なときに必要な処理を実

11

行できます。次に示すものは、発生順序に沿った、Ajaxのグローバルイベントの一覧です。

- **.ajaxStart(hander())**
  Ajaxイベントの中で、一番最初に実行されます。

- **.ajaxSend(handler(event, jqXHR, ajaxOptions))**
  リクエストが送信される前に実行されます。

- **.ajaxSuccess(handler(event, jqXHR, ajaxOptions))**
  リクエスト送信成功時に実行されます。

- **.ajaxError(handler(event, jqXHR, ajaxOptions, thrownError))**
  リクエスト失敗時に実行されます。

- **.ajaxComplete(handler(event, jqXHR, ajaxOptions))**
  通信完了時に、成功・失敗関係なく実行されます。

- **.ajaxStop(hander())**
  最後に実行されます。

11.11 ヘルパー関数

11.11.1 $.param()

▶書式

```
$.param( オブジェクト )
$.param( オブジェクト , 互換性スイッチ )
```

➡解説

サーバに送信するために、配列やオブジェクト、jQueryオブジェクトをシリアライズして文字列化します。第2引数は互換性のためのスイッチです。これをtrueに設定した場合、複雑にネストされたオブジェクトの全体を変換できない等の問題がありますが、古いフレームワークとデータ交換を行う場合などで必要になることがあります。jQuery 3.0以降では、このスイッチはデフォルトでfalseにセットされています。混乱を防ぐために、明示的に「true」「false」を渡すように記述するとよいでしょう。

11.11.2 .serialize()

▶書式

```
$( 対象要素 ).serialize()
```

➡解説

送信のために、フォーム要素をまとめてエンコード、シリアライズして文字列化します。

11.11.3 .serializeArray()

▶書式

```
$( 対象要素 ).serializeArray()
```

➡解説

送信のために、フォーム要素をまとめて「名前：値」の配列とし、エンコード、シリアライズして文字列化します。

12

Callbacksオブジェクト

OVERVIEW

Callbacksオブジェクトを使う

jQuery 1.7で追加された、コールバック関数を管理する多目的かつ汎用的な仕組みがCallbacksオブジェクトです。jQueryの内部では`$.ajax`や`$.Deferred`を機能させるために、このCallbacksオブジェクトが利用されています。簡易なスクリプトではあまり使う機会はないかもしれませんが、jQueryの高度な機能をより深く理解するために、各メソッドの動作を把握しておきましょう。

12.1 Callbacksオブジェクトを生成する

▶書式

```
$.Callbacks([ フラグ ])
```

例

```
var callbacks = $.Callbacks('once');
```

➡解説

Callbacksオブジェクトを生成します。引数の「フラグ」を指定できます。フラグはスペースで区切ることで複数指定可能です。

各フラグは、Callbacksオブジェクトを次のように設定します。

- once … 1度だけ起動できるCallbacksのリストを生成する
- memory … `$.Callbacks.add()`でコールバック関数を追加したときに、それより前に`$.Callbacks.fire(引数)`で実行された処理の引数をそのまま引き継いで即座に実行する
- unique … 1つのコールバックを重複しないよう1度だけ追加できるオブジェクトを生成する
- stopOnFalse … コールバックがfalseを返したときに処理を停止する

12.2 Callbacksオブジェクトにコールバックを追加する

▶書式

```
callbacks.add( コールバック )
```

例

```
callbacks.add(myfunc);
```

解説

$.Callbacks()で生成したCallbacksオブジェクトに、引数で渡したコールバック関数を追加します。複数のコールバック関数を追加する場合は配列として渡します。

SAMPLE

Callbacksオブジェクトを生成してコールバック関数を追加する

```
<body>
<div class="main">
  <div class="header">
    <h1>jQueryポケットリファレンス</h1>
  </div>
  <div class="content">
    <form>
      <button class="button" type="button" name="button1">コールバック↵
関数をadd</button>
      <button class="button" type="button" name="button2">Callbacksを↵
実行</button>
    </form>
    <div class="desc"></div>
  </div>
  <div class="footer">
    <hr>
    <p class="copyright">2019 xxxx all rights reserved.</p>
  </div>
</div>
<script>
$(document).ready(function(){
  var callbacks = $.Callbacks();
```

12

```
  var myfunc1 = function(str) {
    alert(str);
  }

  $('button[name=button1]').on('click', function(){
    callbacks.add(myfunc1);
    $('.desc').append('コールバックが追加されました<br>');
  });
});
</script>
</body>
```

12.3 Callbacksオブジェクトを実行する

▶書式

```
callbacks.fire( 引数 )
```

例

```
callbacks.fire( str );
```

➡解説

Callbacksオブジェクトに追加されているコールバック関数を、fire()に渡した引数で一括して実行します。

SAMPLE

Callbacksオブジェクトに追加した関数を実行する

```
<body>
<div class="main">
  <div class="header">
    <h1>jQueryポケットリファレンス</h1>
  </div>
  <div class="content">
    <form>
      <button class="button" type="button" name="button1">コールバック関数をadd</button>
```

```
      <button class="button" type="button" name="button2">Callbacksを
実行</button>
    </form>
    <div class="desc"></div>
  </div>
  <div class="footer">
    <hr>
    <p class="copyright">2019 xxxx all rights reserved.</p>
  </div>
</div>
<script>
$(document).ready(function(){
  var callbacks = $.Callbacks();

  var myfunc1 = function(str) {
    alert(str);
  }

  $('button[name=button1]').on('click', function(){
    callbacks.add(myfunc1);
    $('.desc').append('コールバックが追加されました<br>');
  });

  $('button[name=button2]').on('click', function(){
    callbacks.fire('実行されました');
  });
});
</script>
</body>
```

■実行結果

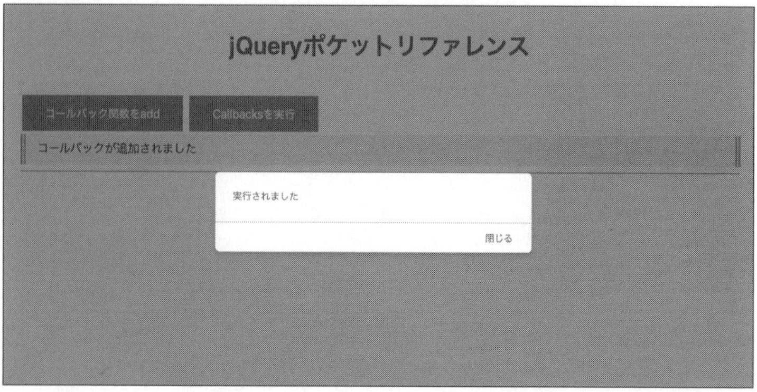

12.4 コンテキストを指定して Callbacksオブジェクトを実行する

▶ 書式

```
callbacks.fireWith( コンテキスト, 引数 )
```

例

```
callbacks.fireWith( $('#mydiv'), str );
```

➡ 解説

callbacks.fire()メソッドと似ていますが、引数として「コンテキスト」を渡せる点が異なります。コンテキストとして渡された要素は、Callbacksオブジェクトに登録された各コールバック関数の中で「this」で参照できます。fireWith()の第2引数は配列またはオブジェクトで渡す必要があることにも注意してください。

SAMPLE

コールバック関数をコンテキストを指定して実行する

```
<body>
<div class="main">
  <div class="header">
    <h1>jQueryポケットリファレンス</h1>
```

```
  </div>
  <div class="content">
    <form>
      <button class="button" type="button" name="button1">コールバック関数をadd</button>
      <button class="button" type="button" name="button2">Callbacksを実行</button>
    </form>
    <div class="desc" id="desc"></div>
  </div>
  <div class="footer">
    <hr>
    <p class="copyright">2019 xxxx all rights reserved.</p>
  </div>
</div>
<script>
$(document).ready(function(){
  var callbacks = $.Callbacks();

  var myfunc1 = function(str) {
    this.append(str + '<br>');
  }

  $('button[name=button1]').on('click', function(){
    callbacks.add(myfunc1);
    $('.desc').append('コールバックが追加されました<br>');
  });

  $('button[name=button2]').on('click', function(){
    callbacks.fireWith($('.desc'), ['実行されました']);
  });
});
</script>
</body>
```

12.5 Callbacksが実行されたか確認する

▶書式

```
callbacks.fired()
```

例

```
callbacks.fired();
```

➡解説

Callbacksオブジェクトが一度でも`fire()`されていたらtrue、そうでなければfalseを返します。

SAMPLE

Callbacksオブジェクトが実行済みか確認する

```
<body>
<div class="main">
  <div class="header">
    <h1>jQueryポケットリファレンス</h1>
  </div>
  <div class="content">
    <form>
      <button class="button" type="button" name="button1">コールバック関数をadd</button>
      <button class="button" type="button" name="button2">Callbacksを実行</button>
    </form>
    <div class="desc"></div>
  </div>
  <div class="footer">
    <hr>
    <p class="copyright">2019 xxxx all rights reserved.</p>
  </div>
</div>
<script>
$(document).ready(function(){
  var callbacks = $.Callbacks();
```

```
  var myfunc1 = function(str) {
    $('.desc').append(str);
  }

  $('button[name=button1]').on('click', function(){
    callbacks.add(myfunc1);
    $('.desc').append('コールバックが追加されました<br>');
    $('.desc').append('fired? : ' + callbacks.fired() + '<br>');
  });

  $('button[name=button2]').on('click', function(){
    callbacks.fire('実行されました<br>');
    $('.desc').append('fired? : ' + callbacks.fired() + '<br>');
  });
});
</script>
</body>
```

■実行結果

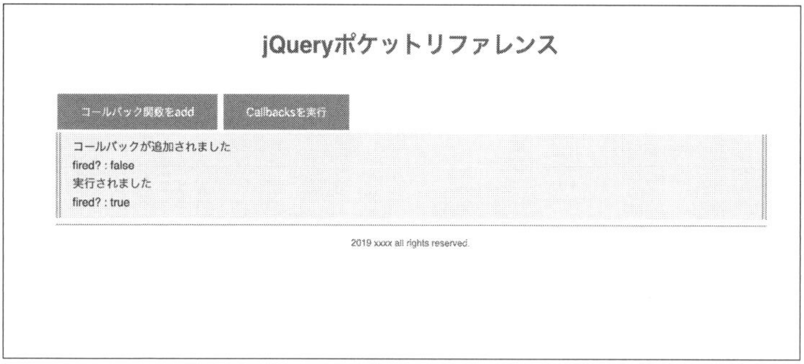

12.6 Callbacksオブジェクトを無効化する・無効化されているか確認する

▶書式

```
callbacks.disable()
callbacks.disabled()
```

例

```
callbacks.disable();
var disabled = callbacks.disabled();
```

➡解説

disable()はCallbacksオブジェクトを無効化し、以後fire()で実行できなくなります。disabled()はCallbacksオブジェクトが無効化されていればtrue、そうでなければfalseを返します。

SAMPLE

Callbacksオブジェクトを無効化し、無効化されたか確認する

```
<body>
<div class="main">
  <div class="header">
    <h1>jQueryポケットリファレンス</h1>
  </div>
  <div class="content">
    <form>
      <button class="button" type="button" name="button1">コールバック↩
関数をadd</button>
      <button class="button" type="button" name="button2">Callbacksを↩
disable</button>
    </form>
    <div class="desc"></div>
  </div>
  <div class="footer">
    <hr>
    <p class="copyright">2019 xxxx all rights reserved.</p>
  </div>
</div>
```

```
<script>
$(document).ready(function(){
  var callbacks = $.Callbacks();

  var myfunc1 = function(str) {
    $('.desc').append(str);
  }

  $('button[name=button1]').on('click', function(){
    callbacks.add(myfunc1);
    $('.desc').append('コールバックが追加されました<br>');
    $('.desc').append('disabled? : ' + callbacks.disabled() + '<br>');
  });

  $('button[name=button2]').on('click', function(){
    callbacks.disable();
    $('.desc').append('disabled? : ' + callbacks.disabled() + '<br>');
  });
});
</script>
</body>
```

■実行結果

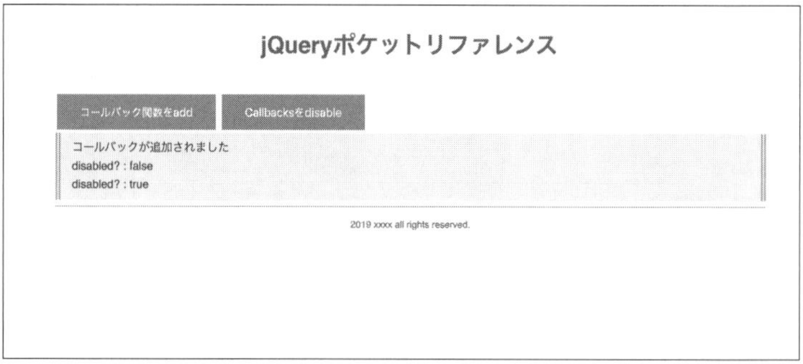

12.7 Callbacksオブジェクトをロックする・ロックされているか確認する

▶書式

```
callbacks.lock()
callbacks.locked()
```

例

```
callbacks.lock();
var disabled = callbacks.locked();
```

➡解説

lock()はCallbacksオブジェクトをその時点の状態、その時点で与えられている引数で「ロック」します。ロック前にadd()されていたコールバックはfire()しても実行されません。「memory」フラグを指定して生成したCallbacksオブジェクトでは、lock()後にadd()で追加することでコールバックを実行できますが、リスト中の各コールバック関数に渡される引数はロックした時点に固定されるため、lock()以前に渡した引数が反映されます。locked()は、Callbacksオブジェクトがロックされているかどうかをtrueまたはfalseで返します。

SAMPLE

Callbacksオブジェクトのロックとmemoryフラグの動作

```
<body>
<div class="main">
  <div class="header">
    <h1>jQueryポケットリファレンス</h1>
  </div>
  <div class="content">
    <form>
      <button class="button" type="button" name="button1">コールバック関数をadd</button>
      <button class="button" type="button" name="button2">コールバック関数をfire</button>
      <button class="button" type="button" name="button3">Callbacksをlock</button>
```

```
      <button class="button" type="button" name="button4">コールバック関数を再度add</button>
    </form>
    <div class="desc"></div>
  </div>
  <div class="footer">
    <hr>
    <p class="copyright">2019 xxxx all rights reserved.</p>
  </div>
</div>
<script>
$(document).ready(function(){
  var callbacks = $.Callbacks('memory');

  var myfunc1 = function(str) {
    $('.desc').append(str);
  }

  $('button[name=button1]').on('click', function(){
    callbacks.add(myfunc1);
    $('.desc').append('コールバックが追加されました<br>');
    $('.desc').append('locked? : ' + callbacks.locked() + '<br>');
  });

  $('button[name=button2]').on('click', function(){
    callbacks.fire('この引数で固定です<br>');
    $('.desc').append('locked? : ' + callbacks.locked() + '<br>');
  });

  $('button[name=button3]').on('click', function(){
    callbacks.lock();
    $('.desc').append('locked? : ' + callbacks.locked() + '<br>');
  });

  $('button[name=button4]').on('click', function(){
    callbacks.add(myfunc1);
    $('.desc').append('コールバックが再度追加されました<br>');
  });
});
</script>
</body>
```

■実行結果

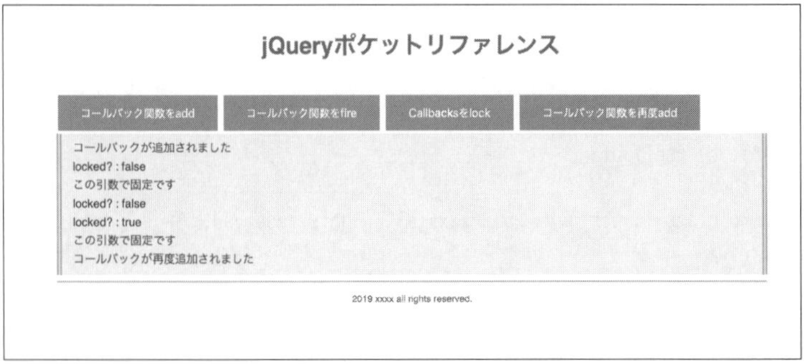

12.8 コールバック関数を削除する・Callbacksオブジェクトを空にする

▶書式

```
callbacks.remove( コールバック )
callbacks.empty()
```

例

```
callbacks.remove(myfunc);
callbacks.empty();
```

➡解説

Callbacksオブジェクトから特定のコールバック関数を削除したい場合はremove()の引数に削除したいコールバック関数を指定します。複数のコールバック関数を指定したい場合は配列として渡しましょう。すべてのコールバック関数を削除したい場合はempty()が利用できます。empty()は引数なしで実行します。

13

Deferredオブジェクト

OVERVIEW

非同期処理に便利なDeferredとPromiseを理解しよう

JavaScriptを使ったフロントの開発において、サーバサイドの開発者にはなかなか馴染みにくい点が「非同期処理」でしょう。サーバサイドでは、たいてい上から下にプログラムが実行されていて、コードの見た目と処理の順番が異なることは基本的にありません。一方、JavaScript、jQueryでの処理は「非同期」で実行されるので、コードの順番どおりに進んでいくとは限りません。ここでは、同期処理と非同期処理の違いや、非同期処理を効率的に美しく記述するための`$.Deferred`と`$.Deferred`が内包するPromiseの考え方等について理解していきましょう。

13.1 同期処理と非同期処理

コードに書いてある順番に処理が進み、ひとつの処理をしている間は後続の処理は実行されない、これが同期処理です。プログラムが1本の線として直列に流れていくのでわかりやすいですね。

▼図13.1　同期処理

しかし、Ajaxのようにサーバと通信を行う処理の場合、サーバからの応答が返ってくるまで他の処理を停止して待つ、例えばブラウザのUIが一切の入力を受け付けずにレインボーカーソルがぐるぐる回っているだけになってしまったら、ユーザはイライラしてしまいます。ユーザをイライラさせず、効率的に処理を行うためには、Ajaxでサーバと通信をしている間は他の処理を実行しつつ待ち、応答があったら元の処理を実行する、という仕組みが必要になります。これが「非同期処理」です。

JavaScriptでは、Ajaxに限らず非同期処理を行うケースがあります。例えば「setTimeout()」を使ったタイマー処理を考えてみます。

```
<body>
<div class="main">
  <div class="header">
    <h1>jQueryポケットリファレンス</h1>
  </div>
  <div class="content">
    <form>
      <button class="button" type="button" name="button">setTimeout↙
</button>
    </form>
    <div class="desc"></div>

  </div>
  <div class="footer">
    <hr>
    <p class="copyright">2019 xxxx all rights reserved.</p>
  </div>
</div>
<script>
$(document).ready(function(){
  $('button').on('click', function() {

    $('.desc').append('処理開始<br>');
    setTimeout(function() {
      $('.desc').append('タイマーが2秒経過をおしらせします<br>');
    }, 2000);
    $('.desc').append('処理完了<br>');
  });
});
</script>
</body>
```


スクリプトの流れでは、「処理開始」が表示され、「タイマーが2秒経過をおしらせします」と表示されてから、「処理完了」が表示されるように見えると思います。しかし、実際に動かしてみると、「処理開始」と「処理完了」が即座に表示され、その後2秒経ってから「タイマーが2秒経過をおしらせします」と表示されるのがわかります。

■実行結果

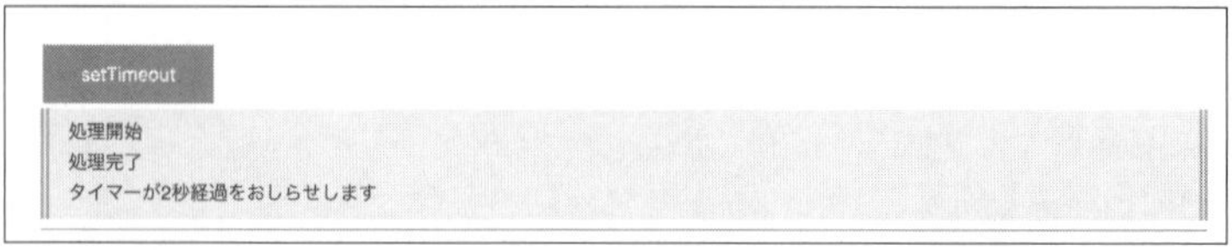

setTimeout()は非同期処理を行うので、タイムアウトを待っている間に、後続の処理が実行されるのです。

13.2 非同期処理とコールバック関数

非同期処理で、「ある処理の応答があったら実行する」処理を記述するための方法が、本書でも何度も出てきた「コールバック関数」です。前節の例では、コールバック関数としてsetTimeout()の引数にクロージャを指定していました。

```
setTimeout(function() {
  $('.desc').append('タイマーが2秒経過をおしらせします<br>');
}, 2000);
```

コールバック関数を使うことで、非同期処理をわかりやすく記述できるわけですね。しかし、これも単純な処理にとどまっているからわかりやすいだけで、実際の開発ではいろいろと問題が出てきます。例えばAjaxで複数のAPIを呼び出すようなケースを想像してみましょう。応答に対するコールバックでさらに別のAPIへのAjaxの処理を行い、そのコールバックを処理します。しかもまたそのコールバックの中で非同期処理が…となると、どんどん階層が深くなっていってしまうのです。

```
$.get('API1', function() { ... })
.done(function() {
  $.get('API2', function() { ... })
  .done(function() {
    $.get('API3', function() { ... })
    .done(function() {
:
```

これでは可読性も落ちてしまいますし、各APIへの通信を並行して進めてよい場合でも順番に実行されるため、無駄に待ち時間が長くなってしまうという問題も出てきます。

13.3 $.Deferredを使おう

このような非同期処理の問題を克服するために、jQuery 1.5で追加されたのが「`$.Deferred`」オブジェクトです。Deferredオブジェクトには、次のような特徴があります。

1. メソッドチェーンが可能
2. 複数のコールバックを登録管理できる
3. 成功・失敗の「状態」に応じた処理を行える

以降の各節で`$.Deferred`について説明していきます。

13.4 $.Deferred()ファクトリーメソッド

▶書式

```
$.Deferred([ 前処理 ])
```

例

```
var dfd = $.Deferred();
```

➡解説

新しいDeferredオブジェクトを生成して返します。Deferredを使いたいときは、まず最初にこのメソッドを実行してDeferredオブジェクトを作成しましょう。

引数には前処理として関数を記述できます。

13.5 promiseオブジェクトを返す

▶書式

```
dfd.promise([ ターゲット ])
```

例

```
var dfd = $.Deferred();
dfd.promise();
```

➡解説

jQueryのDeferredは、非同期処理の標準のひとつであるPromises標準に準拠して設計されています。ここではDeferredオブジェクトとpromiseオブジェクトの関係について、簡単に説明しておきましょう。

Deferredオブジェクトには、必ずpromiseオブジェクトが付属しています。Deferredは「遅延させる」「猶予する」といった意味、promiseは「約束」の意味です。待たせるためには約束が必要なのです。

まず、ひとつ例を挙げましょう。

```
<body>
<div class="main">
  <div class="header">
    <h1>jQueryポケットリファレンス</h1>
  </div>
  <div class="content">
    <form>
      <button class="button" type="button" name="button">Deferred
</button>
    </form>
    <div class="desc"></div>

  </div>
  <div class="footer">
    <hr>
    <p class="copyright">2019 xxxx all rights reserved.</p>
  </div>
</div>
```

```
<script>
$(document).ready(function(){
  function getProducts() {
    var dfd = $.Deferred();
    $.get('http://localhost/sample13-2.php',{'flg':1}, null, 'json')
    .done(function(data) {
      dfd.resolve(data);
    })
    .fail(function(){
      dfd.reject();
    });
    return dfd.promise();
  }

  $('button').on('click', function() {
    var promise = getProducts();

    promise
    .done(function(data) {
      $('.desc').append(data.result);
    })
    .fail(function(data) {
      $('.desc').append('APIコールに失敗しました');
    });
  });
});
</script>
</body>
```


【sample13-2.php】

```
<?php
header("Access-Control-Allow-Origin: *");
$data = new stdClass();
$flg = filter_input(INPUT_GET, 'flg');
$data->result = $flg == 1 ? '処理成功' : '処理失敗';
echo json_encode($data);
```

このスクリプトでは、[Deferred] ボタンが押されたときにgetProducts()関数がコールされます。getProducts()の中では、$.Deferred()ファクトリーメソッドでDeferredオブジェクトを生成し、その後AjaxでAPI (sample13-2.php)をコールします。Ajaxのコールバック関数では、成功したとき(.done)でDeferredオブジェクトの「resolve()」メソッドを実行し、失敗した場合(.fail)は「reject()」メソッドを実行します。最終的に、getProducts()関数はDeferredオブジェクトのpromise()メソッドをコールしてpromiseオブジェクトを返します。

ボタンクリックのイベントハンドラに戻りましょう。getProducts()で受け取ったpromiseオブジェクトにも.done()や.fail()のメソッドがありますので、メソッドチェーンを使ってそれぞれの処理を行います。

promiseオブジェクトは、内部に「状態(state)」を持っています。生成された瞬間の状態は「pending(処理中で状態が確定していない)」です。正常終了時は「resolved(解決済み)」、エラーがあったときは「rejected(却下)」になります。また、promiseオブジェクト内にはresolvedまたはrejectedステータスになったときに実行されるコールバックメソッドとして.done()および.fail()が用意されています。

少々ややこしいのですが、promiseオブジェクトは、非同期処理の実行にあたって「処理が完了したら結果を伝える」という「約束」の役目を、状態とそれに対するコールバックメソッドによって担っているわけです。

Deferredオブジェクトのpromise()メソッドは、promiseオブジェクトを返すことで呼び出し元にその後の処理の手段を提供します。

■実行結果

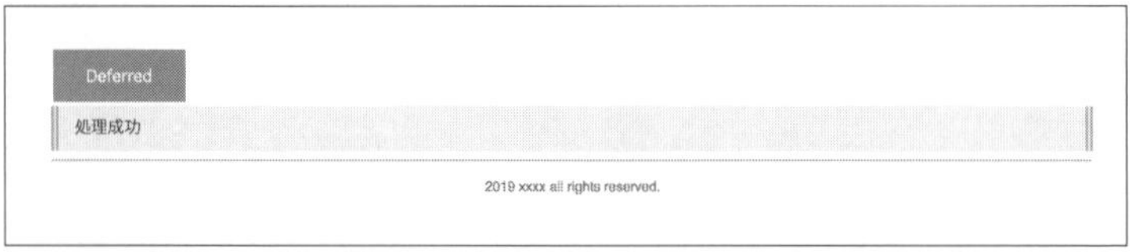

13.6 Deferredの状態を調べる

▶書式

```
dfd.state()
```

例

```
var dfd = $.Deferred();
var state = dfd.state();
```

解 説

Deferredオブジェクトの状態を調べます。pending, resolved, rejectedのいずれかを返します。デバッグ時などに有用なメソッドです。

SAMPLE

Deferredオブジェクトの状態を取得して出力する

```
<body>
<div class="main">
  <div class="header">
    <h1>jQueryポケットリファレンス</h1>
  </div>
  <div class="content">
    <form>
      <button class="button" type="button" name="button">Deferred
</button>
    </form>
    <div class="desc"></div>

  </div>
  <div class="footer">
    <hr>
    <p class="copyright">2019 xxxx all rights reserved.</p>
  </div>
</div>
<script>
$(document).ready(function(){
  function getProducts() {
    var dfd = $.Deferred();
    $('.desc').append(dfd.state() + '<br>');

    $.get('http://localhost/sample13-4.php',{'flg':2}, null, 'json')
    .done(function(data) {
      dfd.resolve(data);
      $('.desc').append(dfd.state() + '<br>');
    })
    .fail(function(){
      dfd.reject();
      $('.desc').append(dfd.state() + '<br>');
    });
    return dfd.promise();
```

```
  }

  $('button').on('click', function() {
    var promise = getProducts();

    promise
    .done(function(data) {
      $('.desc').append(data.result);
    })
    .fail(function() {
      $('.desc').append('APIコールに失敗しました');
    });
  });
});
</script>
</body>
```

■実行結果

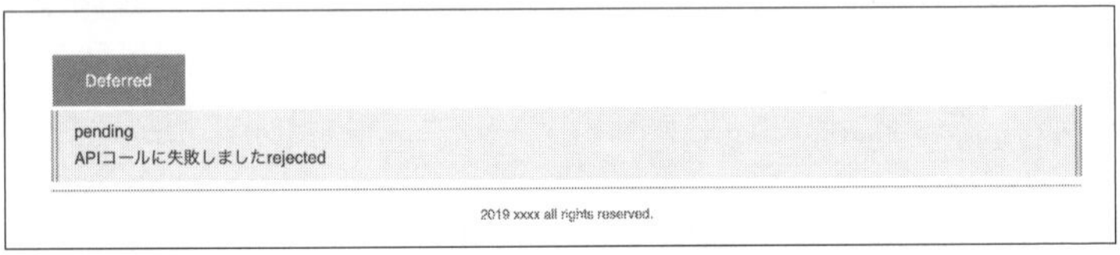

13.7 成功時・失敗時・進行中の処理を実行する

▶書式

```
dfd.done( コールバック , [ コールバック ])
dfd.fail( コールバック , [ コールバック ])
dfd.always( コールバック, [ コールバック ])
dfd.progress( コールバック , [ コールバック ])
```

例

```
var dfd = $.Deferred();
dfd.done(function(){
  :
});
dfd.fail(function(){
  :
});
dfd.always(function(){
  :
});
dfd.progress(function(){
  :
});
```

➡解説

.done()は、Deferredオブジェクトの状態が「resolved」になったときに行う処理を記述します。.fail()は、Deferredオブジェクトの状態が「rejected」になったときに行う処理を記述します。.always()は、Deferredオブジェクトの状態が「resolved」または「rejected」になったときに行う処理を記述します。.progress()は、Deferredオブジェクトが.notify()で「進行中の通知」を発行したときに行う処理を記述します。

これらのメソッドは、第2引数に関数または関数の配列を指定することで、さらに追加の処理を実行させることもできます。

jQueryの$.ajax()メソッドおよび$.get()等の省略形メソッドで「.done()」「.fail()」「.always()」が使えるのも、じつは、$.ajax()がDeferredオブジェクトを返してくれるからなのです。

13

13.8 処理を確定する・進行中の通知を発行する

▶書式

```
dfd.resolve( 引数 )
dfd.reject( 引数 )
dfd.resolveWith( コンテキスト, 引数 )
dfd.rejectWith( コンテキスト, 引数 )
dfd.notify( 引数 )
dfd.notifyWith( コンテキスト , 引数 )
```

例

```
dfd.resolve(data);
dfd.reject(data);
dfd.resolveWith(context, data);
dfd.rejectWith(context, data);
dfd.notify(data);
dfd.notifyWith(context, data);
```

➡解説

resolve()メソッドは処理を成功として確定させ、.done()または.then()メソッドを実行させます。reject()メソッドは処理を失敗として確定させ、.fail()または.then()メソッドを実行させます。resolveWith()、rejectWith()も同様ですが、第1引数として「コンテキスト」を渡せます。コンテキストとして渡された対象は、.done()や.fail()のコールバックの中で「this」で参照できます。

notify()およびnotifyWith()メソッドは時間のかかる処理のときに状態を通知するのに便利です。notify()やnotifyWith()が実行されると.progress()メソッドが呼び出されるので、そこでユーザに処理が進行中であることを通知できます。なお、Deferredオブジェクトの状態がresolvedやrejectedになった後は、notify()は実行されずに無視されます。

13.9 Deferredのコールバックを集中管理する

▶書式

```
dfd.then( doneコールバック , [ failコールバック ], ⏎
[ progressコールバック ])
dfd.catch( failコールバック )
```

例

```
dfd.then(
  function () {
    //成功
  },
  function() {
    //失敗
  },
  function() {
    //進行中
  }
);

dfd.catch(function() {
  //失敗
});
```

➡解説

then()を使うと、成功（done）、失敗（faild）、進行中（progress）の各コールバックをひとつのthenメソッドの引数として列挙できます。戻り値は「状態」とdone()やfail()などのメソッドを持つpromiseオブジェクトなので、そこからさらに処理を続けられます。不要なコールバックは該当する引数としてnullを渡します。例えばfail()の処理だけを記述したいときは、第1引数にnullを指定しましょう。

catch()はthen(null, failコールバック)の別名で、Deferredがrejectされたときの処理だけを渡せます。try-catch的な書き方をしたいときに便利なメソッドです。

なお、以前のバージョンでは.pipe()メソッドがthen()の役目を担当していましたが、.pipe()はjQuery 1.8で非推奨になっています。.pipe()は使わず.then()に置き換えるようにしてください。

13.10 複数のDeferredオブジェクトやPromiseオブジェクトを非同期に処理する

▶書式

```
$.when( オブジェクト オブジェクト オブジェクト ... )
```

例

```
var dfd1 = $.Deferred();
var dfd2 = $.Deferred();

$.when(dfd1 dfd2).done(function() {
  :
});
```

➡解説

Deferredの機能の肝とも言えるメソッドが$.when()です。Deferredやpromise等、then()を内包するオブジェクトをwhenに渡すことで、それぞれの処理を非同期に実行できます。.when()はpromiseを返しますので、渡されたすべてのオブジェクトの処理が完了した時点で、.done()や.fail()を実行できます。

14

ユーティリティ

OVERVIEW

便利に使えるユーティリティメソッド

jQueryのメソッドは、DOM要素を対象にして何か処理を行うものが多いのですが、それ以外にもプログラムの中で便利に使えるユーティリティ的なメソッドがいくつか用意されています。これらのメソッドには、文字列操作のように頻出する処理に利用できるもの、頻度は高くないけれど自力で記述するには処理が面倒なものなど、種々雑多にいろいろなものが揃っています。上手に活用して、簡潔で効率的なスクリプティングに役立てましょう。

14.1 文字列の前後からホワイトスペースを除去する

▶書式

```
jQuery.trim( 文字列 )
$.trim( 文字列 )
```

例

```
str = jQuery.trim(str);
str = $.trim(str);
```

解説

文字列の前後から、スペース、タブ文字を除去します。改行コードは除去されません。例えば、メールアドレス等の誤入力を防ぎたい、ログインIDやパスワードの入力をアシストしたい、といったときに利用できる便利なメソッドです。

SAMPLE

文字列の前後から不要なホワイトスペースを除去する

```
<body>
<div class="main">
  <div class="header">
    <h1>jQueryポケットリファレンス</h1>
  </div>
```

```
  <div class="content">
    <form>
      文章を入力<br>
      <textarea id="paragraph"></textarea><br>
      結果<br>
      <textarea id="result"></textarea><br>
      <button class="button" type="button" name="button">Trim</button>
    </form>
  </div>
  <div class="footer">
    <hr>
    <p class="copyright">2019 xxxx all rights reserved.</p>
  </div>
</div>
<script>
$(document).ready(function(){
  $('button').on('click', function(){
    $('#result').val($.trim($('#paragraph').val()));
  });
});
</script>
</body>
```

14.2 配列を操作する

▶書式

```
$.merge( 配列1 , 配列2 )
$.map( 配列またはオブジェクト , コールバック( 配列または⏎
オブジェクト要素, インデックスまたはキー ))
$.grep( 配列 , フィルタ関数( 配列要素, インデックス ), ⏎
[ スイッチ ])
$.makeArray( オブジェクト )
$.uniqueSort( 配列 )
```

例

```
$.merge(arr1, arr2)
$.map(arr, function(n, i) { ...処理...})
```

14

```
$.grep(arr, function(n, i) { ...処理...; return true; }, false)
var arr = $.makeArray(obj)
$.uniqueSort(arr)
```

➡解 説

`$.merge()`は、2つの配列をマージします。配列2のすべての要素が、配列1に追加されますので、配列1を処理前の状態で残したい場合は、あらかじめ複製しておきましょう。

`$.map()`は、配列またはオブジェクトの各要素に対してコールバック関数の処理を適用し、その結果を新しい配列として返します。このメソッドは、jQuery 1.6から配列だけでなくオブジェクトを扱えるようになりました。ただし、jQueryオブジェクトを対象にしたい場合は`$.map()`ではなく、`jQueryオブジェクト.map()`メソッドを使用してください。

`$grep()`は、配列をフィルタ関数に通し、その条件判断にマッチする要素を新たな配列として返します。フィルタ関数はtrueまたはfalseを返す関数である必要があり、第3引数のスイッチによって、戻り値の配列に含める要素を切り替えられます。スイッチがtrueの場合はフィルタがfalseを返した要素、falseの場合はフィルタがtrueを返した要素だけが、戻り値の配列に含まれます。

`$.makeArray()`は、オブジェクトを配列に変換します。例えば、jQueryオブジェクトをJavaScriptの配列操作関数を使って処理したいといった場合に便利でしょう。

`$.uniqueSort()`は、DOM要素の配列から重複を除去してソートします。このメソッドはjQuery 3.0以前は`$.unique()`として実装されていましたが、`$.unique()`は非推奨になり`$.uniqueSort()`となりました。

SAMPLE

(1) 配列をマージする

```
<script>
$(document).ready(function(){
  var arr1 = ['apple', 'orange', 'grape'];
  var arr2 = ['melon', 'strawberry', 'cherry'];
  $.merge(arr1, arr2);
  alert(arr1.toString());
});
</script>
```

(2) 配列の各要素を処理する

```
<script>
$(document).ready(function(){
  var arr1 = ['apple', 'orange', 'grape'];
  var arr2 = $.map(arr1, function(n, i) {
    if (i % 2 == 0) {
      return n + 'fruits';
    }
  });
  alert(arr2.toString());
});
</script>
```

(3) 配列の要素をフィルタする

```
<script>
$(document).ready(function(){
  var arr1 = ['apple', 'orange', 'grape'];
  var arr2 = $.grep(arr1, function(n, i) {
    if (n.length > 5) {
      return true;
    }
  });
  alert(arr2.toString());
});
</script>
```

(4) オブジェクトを配列に変換する

```
<script>
$(document).ready(function(){
  var obj = $('div');
  var arr = $.makeArray(obj);
  arr.reverse();
  $(arr).appendTo(document.body);
});
</script>
```

14.3 反復処理や条件判断に便利なメソッド

▶書式

```
$.each( オブジェクトまたは配列 , コールバック( インデッ⏎
クス , 配列またはオブジェクトの要素 ))
$.contains( 要素1 , 要素2 )
$.inArray( 値 , 配列 )
$.isArray( オブジェクト )
$.isEmptyObject( オブジェクト )
$.isPlainObject( オブジェクト )
$.isXMLDoc( ノード )
$.isNumeric( 値 )
$.type( 対象 )
```

例

```
$.each(arr, function(i, n) { ...処理... })
$.contains(document.documentElement, document.body)
$.inArray('hello', arr)
$.isArray(arr)
$.isEmptyObject(obj)
$.isPlainObject(obj)
$.isXMLDoc(obj)
$.isNumeric(value)
$.type(value)
```

➡解説

$.each()は、jQueryを使ったスクリプティングでは特に使用頻度の高い、反復処理のためのメソッドです。オブジェクトや配列の要素を順に走査し、各要素に対してコールバック関数を実行します。コールバック関数には、現在の要素のインデックスと、現在の要素が引数として渡せます。なお、反復処理をすぐに止めてループから脱出したいときは、コールバック関数から「return false」しましょう。なお、$.each()は配列、オブジェクトを対象とします。jQueryオブジェクトを対象とする場合は、jQuery**オブジェクト**.each()を使用してください。

$.contains()は、DOM要素を2つ引数として渡し、要素1に要素2が内包されるかどうかをtrueまたはfalseで返します。

$.inArray()は、配列に値が含まれているか調べ、マッチした最初の要素のインデックス値を返します。値にマッチする要素が配列中になかった場合は、-1が返ります。

$.isArray()は、引数が配列かどうかを調べ、trueまたはfalseを返します。

$.isEmptyObject()は、引数がプロパティを持たない空のオブジェクトの場合にtrueを返します。

$.isPlainObject()は、引数が「{ 'key' : 'value'}」や「new Object」で生成されたオブジェクトかどうかを判定し、trueまたはfalseを返します。

$.isXMLDoc()は、引数がXMLドキュメントか、XMLドキュメント中のDOMノードならtrueを返します。

$.isNumeric()は、引数が数値または数値として評価可能な文字列ならtrue、そうでなければfalseを返します。

$.type()は、引数として与えられた対象の「型」を返します。例えば「$.type(5)」は"number"、「$.type('Hello")」は"string"を返します。"undefined", "array", "boolean", "regexp", "null"なども判定して返してくれますので、デバッグにも有用なメソッドです。

これらのメソッド群は、条件分岐が必要なときに、複雑なコードを書かなくても簡潔に条件判断の根拠を得られます。

他に、$.isFunction()や$.isWindow()メソッドがありますが、これらのメソッドはjQuery 3.3で非推奨になりましたので今後は利用しないようにしましょう。

SAMPLE

(1) eachを使って反復処理を行う

```
$(document).ready(function(){
  var arr = [ 'おはよう', 'こんにちは', 'ごきげんよう', 'おやすみ', ⏎
'さようなら' ];
  $.each(arr, function() {
    alert(this);
  });
});
```

(2) 変数が配列かどうか判断する

```
$(document).ready(function(){
  var arr = [ 'おはよう', 'こんにちは', 'ごきげんよう', 'おやすみ', 'さようなら' ];
  if ($.isArray(arr)) {
    alert('配列です');
  } else {
    alert('配列ではありません');
  }
});
```

(3) 変数が関数かどうか判断する

```
$(document).ready(function(){
  var func = function() { return true; }
  if ($.isFunction(func)) {
    alert('関数です');
  } else {
    alert('関数ではありません');
  }
});
```

(4) 要素Aが要素Bを内包するか判断する

```
$(document).ready(function(){
  var outer = document.getElementById('outer');
  var inner = document.getElementById('inner');

  if ($.contains(outer, inner)) {
    alert('outerはinnerを含む');
  }
});
```

14.4 その他のユーティリティメソッド

▶ 書式

```
$.extend([ スイッチ ], 対象オブジェクト , [ オブジェクト1 ], [ オブジェクト2 ] 処理... )
$.noop()
$.globalEval( コード )
$.parseHTML( データ , [ コンテキスト ], [ スイッチ ])
```

例

```
$.extend(obj1, obj2, obj3)
$.noop()
$.globalEval("var arg = 'hello';")
$.parseHTML(html)
```

➡ 解説

$.extend()は、複数のオブジェクトをマージし、各オブジェクトが内包するプロパティを対象オブジェクトにまとめます。引数が1つだけの場合、対象オブジェクトが省略されたと見做し、jQueryオブジェクトそのものが対象オブジェクトとして選択されます。第1引数は「ディープコピー」スイッチで、既定値はfalseです。これをtrueに設定すると、オブジェクトが再帰的にマージされます。具体的には、オブジェクトのプロパティ自体がオブジェクトや配列で、マージ先に同じ名前のプロパティがあった場合、既定の動作ではマージ元のプロパティでマージ先のプロパティが上書きされます。ディープコピースイッチがtrueの場合、プロパティのオブジェクトや配列もマージされます。

$.noop()は、「何もしない」関数です。実行にコールバック関数が必要なメソッドなどで、コールバック関数に何もさせたくない場合などに使用します。

$.globalEval()は、引数として与えたJavaScriptコードを実行します。

$.parseHTML()は与えられた文字列をDOMノードとして解釈します。このメソッドではスペース文字もDOMのテキストノードに変換されますので、$.trim()で前後の不要なスペースを除去してから渡すようにするとよいでしょう。第2引数の「コンテキスト」に関して、jQuery 3.0以降セキュリティ上の観点から動作が変更されています。従来はコンテキストが指定されなければ「現在のドキュメント」を既定のコンテキストとして扱っていましたが、jQuery 3.0からは別の新たなドキュメントとしています。

SAMPLE

オブジェクトをマージする

```
$(document).ready(function(){
   var o1 = {
    name: '山田太郎',
    body: {weight: 52, height: 160},
    gender: '男'
  };
  var o2 = {
    body: {weight: 80},
    gender: '女'
  };

  $.extend(true, o1, o2);
  alert(o1.name + ' ' + o1.gender + ' ' + o1.body.weight + ' ' + ⏎
o1.body.height);
});
```

Point

基本的なメソッド

jQueryには高度なDOM操作を簡潔に記述できる機能が整っているので、プログラマが基礎的なアルゴリズムから記述しなければならないケースというのはあまり多くないでしょう。しかし、処理を記述しなくてすむのと、処理を記述できないことは違います。必要とあらばいつでも自力で処理を記述できる自由度をもった基盤が整っていることも、優れたプログラミングライブラリの大きな条件です。

14.5 jQueryオブジェクトに対する便利なメソッド

▶ 書式

```
$( 対象要素 ).each(function( インデックス , 要素 ) ⏎
{ 処理... })
$( 対象要素 ).get([ インデックス ])
$( 対象要素 ).index( 要素 )
$( 対象要素 ).index()
$( 対象要素 ).index( セレクタ )
$( 対象要素 ).toArray()
```

例

```
$('div').each(function(i, elem) { ...処理... });
$('div').get();
$('div').index(document.getElementById('foo'));
$('div').index();
$('div').index('#foo');
$('div').toArray();
```

➡ 解 説

.each()は、$.each()と同様に、主に反復処理のために使用します。jQueryオブジェクト内の要素を1つずつ走査し、各要素に対してコールバック関数を適用します。コールバック関数には、要素のインデックス値と要素自体を引数として渡せます。

.get()は、jQueryオブジェクトからDOM要素を取り出します。引数としてインデックス値を渡した場合、そのインデックス値にマッチする、1つの要素が返されます。引数を省略した場合、jQuery内のすべてのDOM要素が配列として返されます。

.index()は、指定された要素のjQueryオブジェクト内におけるインデックス値を返します。指定された要素が見つからなかった場合、-1が返されます。引数を省略した場合、兄弟要素の集合に対する、指定した要素のインデックス値が返ります。

.toArray()は、jQueryオブジェクトを配列に変換します。

SAMPLE

.each(), .index(), .size()を使って、jQueryオブジェクト内の要素を順に処理する

```
$(document).ready(function(){
  $('div').each(function() {
    $(this).css("font-size", 10 + $(this).index() * 5);
  });
  alert($('div').size() + 'つの要素を処理しました');
});
```

15

SVGの操作

OVERVIEW

jQueryを他のライブラリと組み合わせる

ここまでjQueryの機能をひとつひとつ説明してきましたが、jQueryを他のライブラリと組み合わせて使うこともできます。ここではその一例として、ベクタグラフィックを描画するJavaScriptライブラリ「svg.js」とjQueryを一緒に使ってみることにしましょう。

15.1 SVGとは

Webでは「画像」を表示することも多々あります。Webで扱う画像の代表的な形式としては「jpg」や「png」が挙げられますが、近年はWebブラウザの対応が進んだことで、「SVG」もよく使われるようになりました。SVGは、「Scalable Vector Graphics」の略で、その名のとおりAdobe Illustratorで作成するデータと同様の「ベクタ画像」です。

ベクタ画像には、jpegやpngのようなビットマップ画像（ラスタ画像）とは異なり、拡大・縮小しても劣化しない、容量が軽い、プログラムから操作しやすいといった多くの利点があります。写真のように多色で構成される画像には向きませんが、グラフ、ロゴ等には非常に向いています。MacのRetinaディスプレイのように高解像度な表示でもスマートフォンの小さい画面でも同じデータが利用できて、しかも極めて軽量なので、軽快な動作を邪魔せずに華やかで見栄えの良いWebアプリケーションを作るためには、積極的に活用したい技術のひとつと言えるでしょう。

15.2 SVG.jsを導入しよう

SVGは画像を座標と計算式で表現するため、ラスタ画像に比べるとプログラムからの操作もしやすいのが特徴です。もちろん、JavaScriptからもSVGを操作できます。ただ、いきなり素のJavaScriptでSVGを操作するプログラムを書くのは大変なので、jQueryを使うのと同じようにSVGを扱うためのライブラリを活用しましょう。SVGを操作するためのライブラリにもいろいろな種類がありますが、本書ではその中から「SVG.js」を選択しました。

【SVG.js】https://svgjs.com/

注：本書執筆時点での最新バージョンは3.0.13ですが、安定していて情報が入手しやすい2.7.1を利用します。

SVG.jsはMITライセンスの下で配布されていますので、誰でも自由に利用できます。CDNも用意されていますので、導入も容易です。

15.3 SVG.jsで簡単な図形を描いてみる

SVG.jsに慣れるために、まずは簡単な図形を描いてみましょう。最初に、CDNからsvg.min.jsをロードします。

【SVG.jsのCDN】https://cdnjs.com/libraries/svg.js

HTMLのヘッダ部でsvg.min.jsをロードしましょう。

```
<!DOCTYPE html>
<html>
<head>
<script src="https://code.jquery.com/jquery-3.4.1.min.js" integrity=
"xxxxxxxxxxxxxxxx" crossorigin="anonymous"></script>
<script src="https://cdnjs.cloudflare.com/ajax/libs/svg.js/2.7.1/
svg.min.js"></script>
<link rel="stylesheet" href="css/sample.css">
```

idを「chart」として、描画領域のdivを定義します。

```
<!DOCTYPE html>
<html>
<head>
<script src="https://code.jquery.com/jquery-3.4.1.min.js" integrity=
"xxxxxxxxxxxxxxxx" crossorigin="anonymous"></script>
<script src="https://cdnjs.cloudflare.com/ajax/libs/svg.js/2.7.1/
svg.min.js"></script>
<link rel="stylesheet" href="css/sample.css">
<meta charset="UTF-8">
<meta name="viewport" content="width=device-width, initial-scale=1">
```

```
</head>
<body>
<div class="main">
  <div class="header">
    <h1>jQueryポケットリファレンス</h1>
  </div>
  <div class="content">
    <div id="chart"></div>
    <form>
      <button class="button" type="button" name="button">描画！</button>
    </form>
  </div>
  <div class="footer">
    <hr>
    <p class="copyright">2019 xxxx all rights reserved.</p>
  </div>
</div>
</body>
</html>
```

HTMLの準備はこれで完了です。スクリプトを書いていきましょう。SVG()関数を実行して500px四方のキャンバスを作ります。SVG()関数の戻り値、SVG画像オブジェクトが変数drawに代入されます。

```
<script>
$(document).ready(function(){
  $('button').on('click', function(){
    var draw = SVG('chart').size(500, 500);
  });
});
</script>
```

以後はdrawオブジェクトからSVG.jsのさまざまなメソッドをコールします。rect()メソッドで四角形を描画し、attrメソッドで色を指定して塗りつぶします。

```
<script>
$(document).ready(function(){
  $('button').on('click', function(){
```

```
    var draw = SVG('chart').size(500, 500);
    var rect = draw.rect(200, 200).attr({ fill: '#f00' });
  });
});
</script>
```

■実行結果

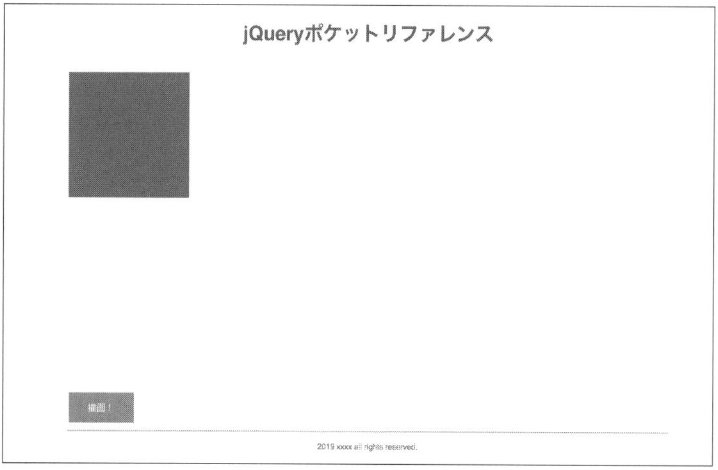

　このように、SVG.jsを使えば数行のコードで自在に画像を描画できます。

15.4 SVG.jsでアニメーションを作る

　次は、画像を動かしてみましょう。SVG.jsには「animate()」をはじめ、アニメーションのための便利なメソッドが豊富に用意されています。

　次の例では、前節で描いた四角形を座標「200, 200」に移動し、繰り返し回転させます。animate()メソッドの引数は、それぞれduration, ease, delayです。

- duration … アニメーションの持続時間（ミリ秒）
- ease … イージングパラメータ　<>：イーズ・イン・アウト
  - >：イーズ・アウト
  - <：イーズ・イン
  - −：リニア
  - =：マウス等で制御
- delay … アニメーションが開始するまでの待ち時間（ミリ秒）

```
<script>
$(document).ready(function(){
  $('button').on('click', function(){
    var draw = SVG('chart').size(500, 500);
    var rect = draw.rect(200, 200).attr({ fill: '#f00' });
    var animation = rect.move(100,100).animate(5000, '<>', 1000).rotate(200).loop();

  });
});
</script>
```

ボタンをクリックすると、四角形がぐるぐる回転します。

■実行結果

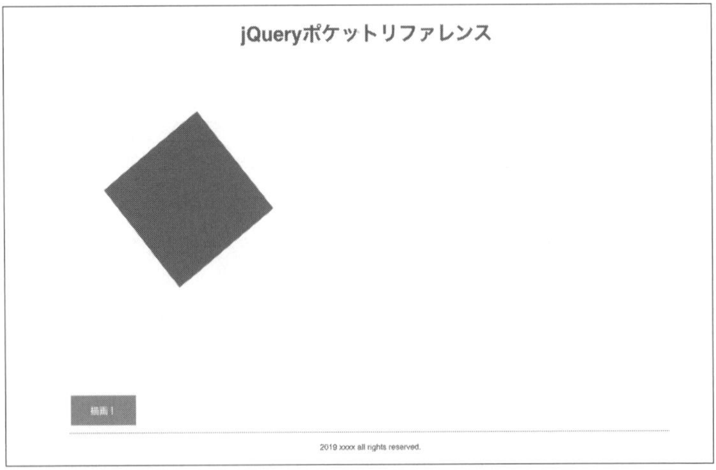

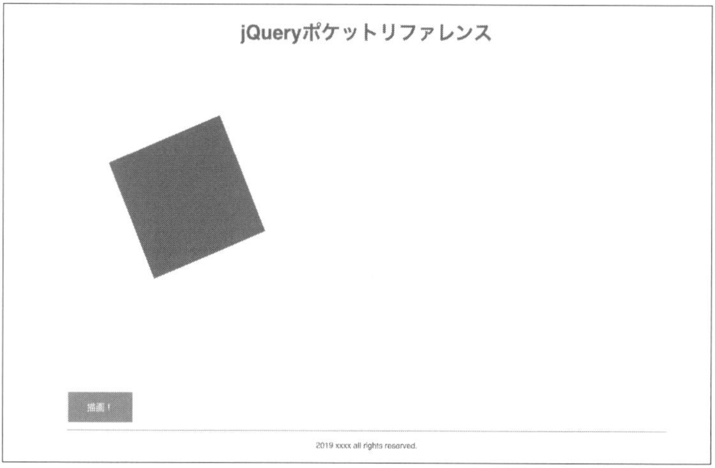

15.5 jQueryとSVG.jsでグラフを描く

一応、ここまでのサンプルでもjQueryとSVG.jsを一緒に使っていますが、jQueryは「ドキュメントがロードされたら」とか「ボタンがクリックされたら」ぐらいのことしかしていません。これでは実用という点ではあまり役に立たなそうです。そこで、もう少し実用的なスクリプトを書いてみましょう。

例えば「年代別の人口比率」や「月別売上」のような統計値をAPIから取得して、積み上げ型のグラフを描く、ということを想定してみます。

まず、APIは次のようなPHPスクリプトで、1～15までの整数をランダムに10個、JSONで返します。本来ならデータベースを参照したり複雑な計算をしたりすると思いますが、ここでは単純に「10個の整数がランダムに返ってくるAPI」とします。

【sample15-1.php】

```
<?php
header("Access-Control-Allow-Origin: *");
$min = 1;
$max = 15;
```

```
$result = array();
for ($i=0; $i<10; $i++) {
  $result[$i] = mt_rand($min, $max);
}

echo json_encode($result);
```

JavaScript側は、jQueryのAjaxの手順でAPIと通信し、このJSONデータを受け取ります。積み上げ型のグラフなので、APIから取得した1～15の値をそのまま「積み上げげる箱の数」にします。

`$.get()`メソッドでAPIを呼び出し、返されるDeferredオブジェクトの`.done()`メソッドを使って、コールバックでSVG.jsを利用した描画を行います。APIからは10個の値が返ってくるので、10色のパレットを用意しておいて、それぞれのグラフに色を付けます。

```
<script>
$(document).ready(function(){
  $('button').on('click', function(){
    var draw = SVG('chart').size(500, 500);
    var colors = ['#ca8080', '#f0837e', '#ea967d', '#f2af79', ↲
'#f6cb84', '#f0e488', '#b0df84', '#8dd2ce', '#94b1eb', '#7a98e7'];

    $.get('http://localhost/sample15-1.php', null, null, 'json')
    .done(function(result) {

      var base_x = 30;
      var base_y = 450;
      var unit_x = 20;
      var unit_y = 20;
      var i = 9;
      var j, x, y;

      $.each(result, function(key, val){
        j = 0;
        x = base_x * i + base_x * 0.5;
        y = base_y - unit_y;
        while (j <= val) {
          var box = draw.rect(unit_x, unit_x - 1).attr({ fill: ↲
colors[i]}).move(x,y);
          box.bbox();
```

```
            j++;
            y = base_y - j * unit_y;
          }
          i--;
        });
      });
    });
});
</script>
```

■実行結果

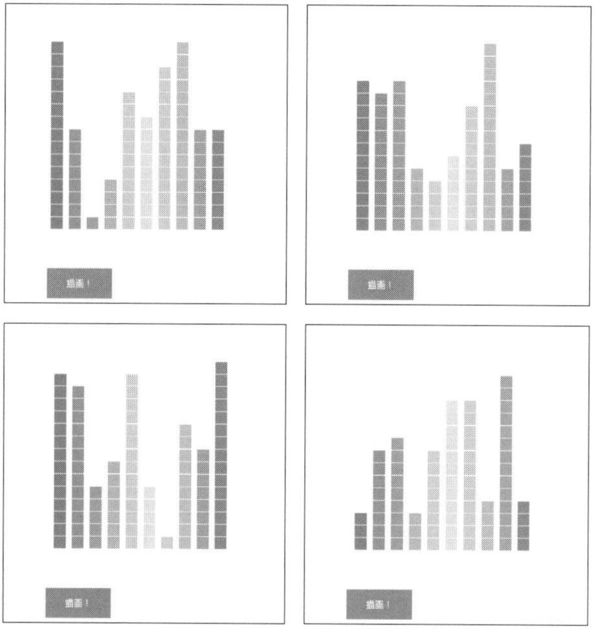

紙幅の関係で、本書ではSVG.jsの詳しい使い方については解説できませんが、公式サイトには詳しいAPIドキュメントがあります。

【SVG.js】https://svgjs.com/docs/2.7/

「Elements」の項目にある各図形の描画方法を理解すれば、折れ線、棒、パイチャートなども自由に作成できるでしょう。

もちろん、グラフ描画に特化したJavaScriptライブラリを使用すればグラフはもっと簡単に作れます。例えば、Chart.jsやYUI Charts、Highchartsなどが便利です。

【Chart.js】https://www.chartjs.org

【YUI Charts】https://yuilibrary.com/yui/docs/charts/

【Highcharts】https://www.highcharts.com（商用有償）

しかし、SVG.jsのような基本的なレイヤーを操作するライブラリが使えると、ライブラリに制限されずグラフの細かい見え方まで自由にデザインできます。細かい要望にもスクリプトで自在に対応できますし、ライセンス費用もかかりません。ぜひ、挑戦してみてください。

Index 索引

記号・数字

A

B

■著者プロフィール

鶴田 展之（つるた のぶゆき）

株式会社qnote代表取締役。オープンソースソフトウェアを用いたシステムインテグレーション、コンサルティングを中心に活動しつつ、Web上のメディア、雑誌、書籍等で多数の著述活動を行っている。オフィスに10匹、自宅に4匹の猫を抱える愛猫家。ペットといっしょに働けるオフィスの拡大を目論んでいる。将来は南国に移住したい極度の寒がり。著書は『MySQLによる最速RDBMS構築ガイド』（共著：SBクリエイティブ）、『MySQL辞典』（共著：翔泳社）、『PHP実用プログラミング』（共著：ローカス）など。

● DTP
株式会社トップスタジオ
●カバーデザイン
株式会社トップスタジオデザイン室（轟木 亜紀子）

■お問い合わせについて

本書の内容に関するご質問につきましては、下記の宛先までFAX または書面にてお送りいただくか、弊社ホームページの該当書籍のコーナーからお願いいたします。お電話によるご質問、および本書に記載されている内容以外のご質問には、一切お答えできません。あらかじめご了承ください。

また、ご質問の際には、「書籍名」と「該当ページ番号」、「お客様のパソコンなどの動作環境」、「お名前とご連絡先」を明記してください。

●宛先
〒162-0846
東京都新宿区市谷左内町21-13
株式会社技術評論社　雑誌編集部
「[改訂新版] jQuery ポケットリファレンス」係
FAX：03-3513-6179

●技術評論社 Web サイト
https://book.gihyo.jp

お送りいただきましたご質問には、できる限り迅速にお答えをするよう努力しておりますが、ご質問の内容によってはお答えするまでに、お時間をいただくこともございます。回答の期日をご指定いただいても、ご希望にお応えできかねる場合もありますので、あらかじめご了承ください。

なお、ご質問の際に記載いただいた個人情報は質問の返答以外の目的には使用いたしません。また、質問の返答後は速やかに破棄させていただきます。

［改訂新版《かいていしんぱん》］ jQuery《ジェイクエリ》 ポケットリファレンス

2020年 1月 3日　初　版　第1刷発行

著　者　鶴田《つるた》 展之《のぶゆき》
発行者　片岡　巌
発行所　株式会社技術評論社
東京都新宿区市谷左内町21-13
電話　03-3513-6150　販売促進部
　　　03-3513-6179　雑誌編集部
印刷・製本　昭和情報プロセス株式会社

定価はカバーに表示してあります。

ISBN978-4-297-11125-0 C3055
Printed in Japan